装配式建筑系列新形态教材

装配式建筑构件生产

张永强 文 畅 主编

清华大学出版社
北京

内 容 简 介

本书根据高职高专院校土建类专业的人才培养目标、教学计划、装配式建筑构件生产课程的教学特点和要求,结合国家大力发展装配式建筑的战略及相关文件精神,并按照现行规范、标准编写而成。全书共分6部分,主要内容包括生产准备与基本知识、预制混凝土墙生产、预制混凝土叠合板生产、预制混凝土梁生产、预制混凝土楼梯生产、预制混凝土构件生产质量检验。本书结合高等职业教育的特点,立足基本理论的阐述,注重实践技能的培养,按照装配式混凝土构件生产的全工艺流程组织内容的编写,把"案例教学法""做中学、做中教"的思想贯穿于整个编写过程中,具有实用性、系统性和先进性的特色。为便于信息化教学,书中配有二维码教学资源。

本书可作为高等院校土木工程类相关专业的教学用书,也可作为本科院校、高职、中职、培训机构及土建类工程技术人员的参考用书。

本书封面贴有清华大学出版社防伪标签,无标签者不得销售。

版权所有,侵权必究。举报:010-62782989,beiqinquan@tup.tsinghua.edu.cn。

图书在版编目(CIP)数据

装配式建筑构件生产/张永强,文畅主编. —北京:清华大学出版社,2022.8
装配式建筑系列新形态教材
ISBN 978-7-302-61221-6

Ⅰ.①装… Ⅱ.①张… ②文… Ⅲ.①建筑工程-装配式构件-生产管理-教材 Ⅳ.①TU

中国版本图书馆 CIP 数据核字(2022)第 110265 号

责任编辑:杜　晓
封面设计:曹　来
责任校对:李　梅
责任印制:朱雨萌

出版发行:清华大学出版社
　　　　网　　　址:http://www.tup.com.cn,http://www.wqbook.com
　　　　地　　　址:北京清华大学学研大厦 A 座　　　　**邮　　编:**100084
　　　　社 总 机:010-83470000　　　　　　　　　　　　**邮　　购:**010-62786544
　　　　投稿与读者服务:010-62776969,c-service@tup.tsinghua.edu.cn
　　　　质量反馈:010-62772015,zhiliang@tup.tsinghua.edu.cn
　　　　课件下载:http://www.tup.com.cn,010-83470410
印 装 者:三河市金元印装有限公司
经　　销:全国新华书店
开　　本:185mm×260mm　　　**印　　张:**11　　　**字　　数:**252 千字
版　　次:2022 年 9 月第 1 版　　　　　　　　　　　**印　　次:**2022 年 9 月第 1 次印刷
定　　价:49.00 元

产品编号:098649-01

前　言

　　发展装配式建筑是建设行业进行深化改革、创新转型发展的必由之路。装配式建筑能够改变传统粗放的建造方式，实现绿色生态发展目标，促进节能减排、提质增效，与国际先进水平接轨，是一项长期的可持续的任务。从我国各地装配式建筑实施的情况来看，大部分地区都在结合本地实际，因地制宜地编制发展规划。随着建筑产业化进程的推进，装配式建筑人才匮乏已成为企业发展甚至整个产业发展的"短板"。我国现代建筑产业发展需要的装配式建筑专业人才紧缺，装配式建筑所需后备人才培养在高校中刚刚起步。为适应建筑职业教育新形式的需求，江苏城乡建设职业学院联合中盈远大（常州）装配式建筑有限公司组成编写组，深入企业一线，结合企业需求及装配式建筑发展趋势，为培养装配式建筑急需的生产、施工和管理人才编写了本书。

　　本书为江苏城乡建设职业学院工程造价省级高水平专业群立项建设项目（项目编号：ZJQT21002306），由江苏城乡建设职业学院张永强、文畅担任主编，江苏城乡建设职业学院蔡雷、蒋峰、史艾嘉担任副主编，参加编写的人员还有中盈远大（常州）装配式建筑有限公司张永强（企业）总经理。本书项目1、项目5由张永强编写，项目2由文畅编写，项目3由蒋峰编写，项目4由蔡雷编写，项目6由史艾嘉编写。

　　本书在编写过程中参阅了国内外学者已公开出版的相关书籍、产品手册及文献资料，在此表示感谢。中盈远大（常州）装配式建筑有限公司为本书的出版提供了技术支持，在此一并表示感谢。由于编写时间仓促，编者的学术水平和实践经验有限，书中难免存在不妥和疏漏之处，敬请同行和广大读者批评指正，不胜感激。

编　者

2022 年 5 月

目　录

项目 1 生产准备与基本知识

知识目标

1. 熟悉预制构件制作工艺流程。
2. 熟悉预制构件生产线组成。
3. 熟悉预制构件场地要求。
4. 熟悉装配式建筑常用材料技术要求。
5. 培养良好的职业素养与严谨的专业精神。

能力目标

1. 能够掌握装配式混凝土预制构件制作工艺流程。
2. 能够区分各预制构件生产线组成的特点。
3. 能够进行预制构件场地布置。
4. 能够正确使用装配式建筑材料。

价值目标

1. 具备良好的职业素养与严谨的专业精神。
2. 具备精益求精的专业精神。
3. 具备工程生产质量意识。

引用规范

1.《混凝土结构工程施工质量验收规范》(GB 50204—2015)。
2.《装配式混凝土结构技术规程》(JGJ 1—2014)。
3.《装配式混凝土构件制作与验收标准》(DB13(J)/T 181—2015)。
4.《混凝土强度检验评定标准》(GB/T 50107—2010)。
5.《混凝土质量控制标准》(GB 50164—2011)。

项目情境

某教学楼项目为装配式混凝土结构,该楼采用全装配式钢筋混凝土剪力墙—梁柱结构体系,预制率95%以上,设防烈度为7度,结构抗震等级为三级。该工程地上4层,地下1层,预制构件共计3788块,其中竖向构件墙和柱采用预制钢筋混凝土剪力墙和预制混凝土柱,水平构件板、梁、楼梯采用预制钢筋混凝土叠合楼板、预制混凝土梁和预制混凝土板式楼梯,全部预制构件需要在预制构件制作厂制作完成。

任务 1.1 预制构件制作工艺流程

【知识目标】

熟悉预制构件制作工艺流程。

【能力目标】

能够掌握装配式混凝土预制构件制作工艺流程。

【价值目标】

1. 培养学生工程安全生产意识。

2. 培养学生工程质量管理意识。

【知识准备】

预制构件制作工厂一般分为固定工厂和移动工厂,固定工厂是在某一固定地点进行生产;移动工厂则根据需要在施工现场附近建厂生产。预制构件的生产工艺一般有固定台座法和自动化生产线两大类。

生产预制构件的企业应具备满足生产规模的场地、生产工艺及设备等资源,并优先采用先进、高效的技术与设备。设施与设备操作人员必须进行职业技术培训,熟悉所使用设备设施的性能、结构和技术规范,掌握其操作办法、安全技术规程和保养方法。

不管采用何种方式,生产预制混凝土构件的工厂必须满足设计和施工的各种质量要求,并具有相应的生产和质量管理能力。在进行设施布置时,需要做到整体优化,充分利用场地和空间,减少场地内材料及构配件的搬运调配。

生产组织方式是指预制构件生产企业根据生产场地条件、生产构件类型以及生产规模等,选择合适的制作方法。

预制构件生产企业通常根据市场需求规模和产品类型,结合自身生产条件,选择一种或多种方法组织生产。

1.1.1 固定台座法

固定台座法一般包括固定模台工艺、立模工艺和预应力工艺等。

1. 固定模台工艺

固定模台是将一块平整度较高的钢结构平台作为 PC 构件的底模,在其上固定构件侧模,以组合成完整的模具。固定模台工艺也被称为平模工艺。固定模台的模具是固定不动的,作业人员和钢筋、混凝土等材料在各个模台间"流动"。绑扎或焊接好的钢筋用吊车送到各个固定模台处;混凝土用送料车或送料吊斗送到模台处;养护蒸汽管道从各个模台下通过,在计算机的控制下调控养护温度及其升降速率;PC 构件就地养护,达到强度后脱模,再用吊车送到存放区。

固定模台工艺是目前世界上 PC 构件制作领域应用最广泛的工艺,常见的预制构件都可以生产,例如预制柱、梁、楼板、墙板、楼梯、飘窗、阳台板、转角构件及后张法预应力构件等。它的优势是适用范围广、灵活方便、适应性强、启动资金少、加工工艺灵活;劣势是效率较低,适用于复杂构件的制作,其工艺流程见图 1-1。

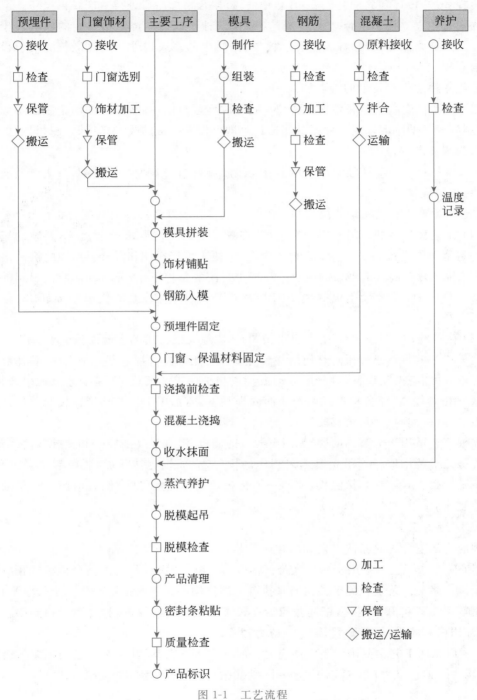

图 1-1 工艺流程

2. 立模工艺

立模工艺又称立模法,是指构件在板面竖立状态下成型密实,与板面接触的模板面相应也呈竖立状态放置的板型构件生产工艺。

成型模台在工作通道上完成预设的各种功能成型工艺动作,之后进入地下养护通道,进行可控养护,按计划养护完成后,升至地面,提取合格部品后进行生产线再循环。

立模有独立立模和组合立模。一个立着浇筑柱子或侧立浇筑楼梯板的模具属于独立立模。立模通常成组使用,称为组合立模,可同时生产多块构件。成组浇筑的墙板模具属于组合立模。

成组立模法生产技术的特点如下。

(1)成型精度高。相邻模板之间的空腔即成型板材的模腔,板材的两个表面均为模板面,控制好模板的刚度和成组立模的制造精度即可保证模板的成型精度。板材尺寸的准确性受人为因素影响较小。

(2)对材料的适应性强。可采用多种无机胶凝材料与各种材料匹配,以生产具备不同性能、特点的板材。

(3)可生产多种结构形式的板材,如实心板、多孔板及各类夹心式复合板。

(4)工艺稳定性好。用料浆浇筑成型,在满足板材性能要求的前提下,料浆的流动度可在一定范围内进行调整。多块板材集中浇灌,便于生产操作和混合料运输的机械化。

(5)生产效率高。成型后的板材处在近乎封闭的条件下,可充分利用胶凝材料的水化热进行自身养护,或者采用电热模板对板材进行加热养护,以加快模型周转,提高生产效率。

(6)生产线占用土地少。生产规模相同时,成组立模占用的土地面积更小。

立模工艺的特点是模板垂直使用并具有多种功能。模板基本是一个箱体,箱体腔内可通入蒸汽,并装有振动设备,可分层振动成型。与平模工艺相比,立模工艺节约生产用地,生产效率相对较高,而且构件的两个表面同样平整,通常用于生产外形比较简单但要求两面平整的构件,如内墙板、楼梯段等。

立模工艺适用于无装饰面层、无门窗洞口的墙板、清水混凝土柱子和楼梯等的生产,其最大优势是节约用地。采用立模工艺制作的构件,立面没有抹压面,脱模后不需要翻转。立模不适合楼板、梁、夹心保温板、装饰一体化板的制作,也不适合侧边出筋等复杂的剪力墙板的制作。

3. 预应力工艺

预应力工艺分为先张法工艺和后张法工艺。

(1)先张法工艺一般用于制作大跨度预应力混凝土楼板、预应力叠合楼板或预应力空心楼板。先张法工艺是在固定的钢筋张拉台上制作构件。钢筋张拉台是一个长条平台,两端是钢筋张拉设备和固定端,钢筋张拉后在长条台上浇筑混凝土,构件养护达到要求强度后,拆卸边模和肋模,然后卸载,切割预应力楼板。

(2)后张法工艺主要用于制作预应力梁或预应力叠合梁,其工艺方法与固定模台工艺接近,构件预留预应力钢筋(或钢绞线)孔,钢筋张拉在构件达到要求强度后进行。

1.1.2 自动化生产线工艺

自动化生产线工艺是指在工业生产中,依靠各种机械设备并充分利用能源和通信方式完成工业化生产的方式,如图 1-2 所示。它能提高生产效率,减少生产人员数量,使工厂实现有序管理。预制构件自动化生产线是指按生产工艺流程分为若干工位的环形流水线,工艺设备和工人都固定在工位上,制品和模具则按流水线节奏移动,使预制构件依靠专业自动化设备实现有序生产,如图 1-3 所示。在大批量生产中,采用自动化生产线能提高劳动生产率,稳定和提高产品质量,改善劳动条件,缩减生产占地面积,降低生产成本,缩短生产周期,保持生产均衡性,具有显著的经济效益。

图 1-2　中央控制中心

图 1-3　全自动柔性钢筋焊网生产线

　　自动化生产线采用高精度、高结构强度的成型模具,经自动布料系统把混凝土浇筑其中(图 1-4),在振动工位振捣后送入立体养护窑进行蒸汽养护。构件强度达到拆模强度时,从养护窑取出模台,进至脱模工位进行脱模处理。脱模后的构件经运输平台运至堆放场继续进行自然养护。空模台沿线自动返回,为下一道生产工序做准备。在模台返回输送线上设置了自动清理机、画线机、放置钢筋骨架或桁架筋安装、检测等工位,实现了自动化控制、循环流水作业。

图 1-4　自动布模系统

任务小结

任务 1.2　预制构件生产线组成

【知识目标】

熟悉生产设备的工作原理。

【能力目标】

能够区别生产设备的使用功能。

【价值目标】

1. 培养学生工程安全生产意识。

2. 培养学生工程质量管理意识。

【知识准备】

预制构件工业化就是将预制构件用工业生产的模式制造出来。这个过程所使用的设备品种繁多,从功能上主要分为混凝土加工设备、混凝土运送设备、预制构件流水线生产设备、养护窑、钢筋加工设备以及物流运输、起重设备等几类。

预制构件工业化生产在国内起步较晚,以前生产设备主要依赖进口。近些年随着行业的快速发展,国内也随之出现了一批预制构件工业化生产设备厂商,现在国内预制构件工厂所使用的设备90％实现了国产化。

预制构件流水线生产设备是 PC 工厂最重要、也是最关键的一部分,虽然各公司生产设备配置稍有区别,但大都包含布料机、送料斗、翻转式送料车、刮平机、液压翻转台、液压转运车、钢轨轮输送线和养护窑等主要生产设备。

1.2.1　布料机

布料机用于混凝土浇捣作业。将搅拌完成的混凝土均匀浇筑到钢台车上的 PC 模具中,然后经过振动平台的高频振动,消除 PC 里面的空隙,确保了 PC 构件的密实度及上表面的平整度。布料机主要由布料系统和振捣系统两部分组成,其中布料系统将搅拌完成的混凝土均匀浇筑到已准备好的 PC 模具里;振捣系统将浇筑了混凝土的 PC 模具进行振捣,消除空隙,使 PC 密实度和平整度达到设计要求(图 1-5)。

1. 布料系统

布料系统由摊料螺旋、布料螺旋、行走机构、卸料机构组成。初步搅拌的混凝土由送料斗送至布料斗,布料斗中的摊料螺旋和布料螺旋相对方向旋转,对混凝土进行再次搅拌,有效防止混凝土结块。通过布料斗上的行走机构及气动布料阀完成布料作业(图 1-6)。

2. 振捣系统

振捣系统由振动平台、液压系统和送板机构组成。送板机构与钢轨轮输送线配合使用,将装配有 PC 模具的钢台车送到布料工位,由液压升降装置将钢台车降至振动平台上,并通过夹紧装置使钢台车与振动平台紧贴。布料作业完成后,开启振动电机进行振动作业,振动结束后松开夹紧装置,通过液压升降装置顶起钢台车至流水线输送高度,由送板机构将钢台车送离布料工位。

　　振动平台由4～6个小型振动台构成(图1-7),每个振动台配有4台附着式平板振动器。可根据混凝土的坍落度、骨料大小和保温材料的填充情况对每个振动台振动器的开启数量进行适当调整,以达到最佳的振捣效果。注意,必须保证钢台车在下降限位和夹紧的状态下才能启动振动器,同时为了防止保温材料的不正常上浮,振动时间不宜过长。

图 1-5　布料机

图 1-6　布料系统

图 1-7　振动平台

1.2.2 送料斗

送料斗用于工厂 PC 生产线上的混凝土输送,将搅拌完成的混凝土从搅拌站转运到布料机。送料斗由行走驱动机构、舱门机构、振动机构组成(图1-8)。

图 1-8 送料斗

1.2.3 翻转式送料车

翻转式送料车用于工厂 PC 生产线上的混凝土输送,将搅拌完成的混凝土从搅拌站运送到布料机上。环形轨道送料控制系统采用"一主多从"的控制模式,由操作人员在控制室控制多台翻转式送料车在环形轨道上运行,最终实现将搅拌站的混凝土输送给多台布料机的目的(图1-9)。

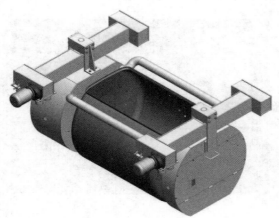

图 1-9 翻转式送料车

1.2.4 刮平机

刮平机用于 PC 生产线墙板刮平工序。刮刀横跨在墙板上表面,行走机构带着刮刀对墙板进行刮平作业。刮平机由行走机构、升降机构、刮平机构组成。工作时,由升降机构将刮刀降到 PC 构件表面,并开启振动电机,然后由行走机构带着刮刀慢速行走,对刚浇筑完成的 PC 件进行刮平作业(图1-10)。

图 1-10　刮平机

1.2.5　液压翻转台

　　液压翻转台用于工厂 PC 生产线上的墙板成品拆模吊装作业。PC 墙板构件在经过养护窑充分养护后送到翻转工位，操作人员在拆除边模后由翻转台将钢台车整体翻转一个角度（与地面夹角为 80°～85°），然后由行车将墙板垂直吊离钢台车，并放置到附近的存放架上（图 1-11）。

图 1-11　液压翻转台

1.2.6　液压转运车

　　液压转运车是用来在工厂内转运墙板的设备。当墙板脱模后，用行车将其一块块摆放在整体起吊架并固定，墙板总重不可超过 45t，重心应尽可能靠近整体起吊架中心。液压转运车包括 1 辆大车、2 辆小车、液压系统、低压轨道、电气控制柜、4 个工位架等（图 1-12）。

　　PC 板到翻转台拆模后，由行车吊到 PC 板整体运输架，依次摆放并固定。当 PC 板装满整体运输架后，液压转运车由地面轨道运行至工位架，由接近开关检测其位置，当工位

图 1-12 液压转运车

架轨道和小车轨道对齐时,大车停止,2辆小车同时从大车上沿着小车轨道和转运工位架轨道横向运行,由接近开关控制小车在转运工位架适当位置停止,由 4 支顶起油缸托起满载的 PC 板整体运输架,然后沿轨道回到大车,油缸缩回,将整体运输工装放到大车上,然后液压转运车载着满载的 PC 板整体运输工装,沿地面轨道将其运送至成品堆放区。

1.2.7 钢轨轮输送线

钢轨轮输送线是 PC 生产线的纽带,它贯穿了 PC 构件生产的装模、浇捣、刮平、养护、拆模、吊装等各个工序,使之紧密衔接在一起,大大提高了 PC 构件的生产效率(图 1-13)。

图 1-13 钢轨轮输送线

钢轨轮输送线将依次经过装模、布料、振捣、刮平等工序的 PC 构件送到养护室进行养护,然后将养护完成的 PC 构件从养护室取出,再送到翻转台工位进行脱模和吊装,再将台车送到装模工位进行装模。如此往复,使钢台车循环使用,完成 PC 构件生产的流水作业。

1.2.8 养护窑

混凝土构件在养护窑中存放,经过静置、升温、恒温和降温几个阶段,最终达到强度要求(图 1-14)。

图 1-14 养护窑

蒸汽养护需严格按照蒸汽养护操作规程进行,严格控制预养时间,预养时间为 2～6h;开启蒸汽,使养护窑内的温度缓慢上升,升温阶段应控制升温速度不超过 20℃/h;恒温阶段的最高温度不应超过 70℃,夹心保温板最高养护温度不宜超过 60℃,梁、柱等较厚的预制构件最高养护温度宜控制在 40℃以内,楼板、墙板等较薄的构件最高养护温度宜控制在60℃以内,恒温持续时间不少于 4h。逐渐关小直至关闭蒸汽阀门,使养护窑内的温度缓慢下降,降温阶段应控制降温速度不超过 20℃/h。预制构件出养护窑时,其表面温度与环境温度差值不应超过 25℃。

任务小结

任务 1.3 预制构件场地要求

【知识目标】
熟悉预制构件场地的设置要求。
【能力目标】
能够判别不同场地的使用要求。
【价值目标】
1. 培养学生工程安全生产意识。
2. 培养学生工程质量管理意识。
【知识准备】
预制构件生产企业应根据土地情况、生产项目种类、生产工艺及企业未来发展规划等要求,合理规划布置生产区、成品堆放区、相应配套设施区及办公、生活区域。

1.3.1 工厂场地一般要求

预制构件(部品、部件)生产工厂的设置需考虑预制构件生产经营的经济性,例如,预制构件的年生产规模及能力、预制构件运输的经济性等相关因素。预制构件生产场地的设置要充分考虑构件运输的特殊性,生产场地的设置区间需要考虑构件供应方式和经济性。

场地选择应符合城市总体规划及国家有关标准的要求,应符合当地的大气污染防治、水资源保护和自然生态保护要求。场地生产过程中产生的各项污染应按照国家和地方环境保护法规和标准的有关规定,治理达标后排放。

场地的建(构)筑物、电气系统、给水排水、暖通等工程应符合国家相关标准的规定,应高度重视劳动安全和职业卫生,采取相应措施,消除事故隐患,防止事故发生。

1.3.2 生产场地要求

场地设置选择应综合考虑工厂的服务区域、地理位置、交通条件、基础设施状况等因素,经多方案比选后确定。

预制构件具有一定的特殊性及区域性,在生产场地的选择上应侧重考虑其制约因素。

预制构件生产场地、生产规模、生产场地设计需求应满足年产规划能力的要求。

预制构件工厂设置要充分满足构件生产环节中各个功能区域的要求,如构件制作工艺路线、构件场内物流通道、满足生产能力的全产线空间规划,构件仓储能力以及各辅助配套设备功能区域等。

1.3.3 堆放场地要求

预制构件的堆放场地应平整、坚实,并有良好的排水措施。

预制构件堆场设置要考虑与生产车间的距离,一般应选择靠近生产车间设置。大小应满足工厂最大生产产能需要,并要满足库存构件的堆放要求。

　　堆场内应根据不同预制构件类型划分不同的存放区,并合理设置运输车辆进出通道。堆垛之间须设置通道。

　　预制构件堆场需要考虑门式起重设备的配置,提前进行起重设备的基础及轨道安装施工。同时,安装轨道时应考虑其使用安全性,并应保证堆场车辆的通行方便。

任务小结

任务 1.4　常用材料技术要求

【知识目标】

熟悉常用材料的技术要求。

【能力目标】

能够查阅常用材料技术规范要求。

【价值目标】

1. 培养学生工程安全生产意识。

2. 培养学生工程质量管理意识。

【知识准备】

1.4.1　混凝土

混凝土应具有良好的和易性及适当的早期强度。用于装配式混凝土结构的混凝土应满足下列强度要求。

（1）装配整体式混凝土结构中,主体结构预制构件的混凝土强度等级不应低于 C30。

（2）预制预应力构件混凝土的强度等级不宜低于 C40,且不应低于 C30。

1.4.2　水泥

水泥宜采用不低于 42.5 级硅酸盐水泥和普通硅酸盐水泥。水泥的物理指标应符合下列规定。

（1）硅酸盐水泥初凝时间不小于 45min,终凝时间不大于 390min;普通硅酸盐水泥、矿渣硅酸盐水泥、火山灰质硅酸盐水泥、粉煤灰硅酸盐水泥和复合硅酸盐水泥初凝时间不小于 45min,终凝时间不大于 600min。

（2）安定性经沸煮法检验合格。

（3）硅酸盐水泥和普通硅酸盐水泥细度用比表面积表示,不应小于 $300m^2/kg$;矿渣硅酸盐水泥、火山灰质硅酸盐水泥、粉煤灰硅酸盐水泥和复合硅酸盐水泥用筛余表示,$80\mu m$ 方孔筛筛余不应大于 10% 或 $45\mu m$ 方孔筛筛余不应大于 30%。

水泥进厂时,应要求提供商出具水泥出厂合格证和质保单等,并应对其品种、代号、强度等级、包装或散装编号、出厂日期等进行检查,还应对水泥的强度、安定性和凝结时间进行检验,检验结果应符合现行国家标准《通用硅酸盐水泥》(GB 175—2007)的相关规定。出厂超过三个月的水泥应复试,水泥应存放在水泥库或水泥罐中,防止雨淋和受潮。

1.4.3　砂

混凝土用砂应符合下列规定。

（1）混凝土使用的天然砂宜选用细度模数为 2.3～3.0 的中粗砂。

（2）进场前要求供应商出具质保单,使用前要对砂的含水量、含泥量进行检验,并通过筛选分析试验对其颗粒级配及细度模数进行检验。其质量应符合现行行业标准《普通混凝土用砂、石质量及检验方法标准》(JGJ 52—2006)的规定。

（3）砂的质量要求。砂的粗细程度按细度模数，分为粗、中、细、特细四级，其范围应符合以下规定：粗砂的细度模数为 3.1～3.7；中砂的细度模数为 2.3～3.0；细砂的细度模数为 1.6～2.2；特细砂的细度模数为 0.7～1.5。

（4）对于长期处于潮湿环境的重要混凝土结构用砂，应采用快速砂浆法或砂浆长度法进行骨料的碱活性检验。经上述检验判断为有潜在危害时，应控制混凝土中的碱含量不超过 $3kg/m^3$，或采用能抑制碱—骨料反应的有效措施。

砂进厂时，应要求供应商出具质保单，并且每批砂石至少应进行颗粒级配、含泥量、泥块含量检验。对其他指标（如氯离子含量）的合格性有怀疑时，应予以检验，检验结果应符合现行行业标准《普通混凝土用砂、石质量及检验方法标准》(JGJ 52—2006)。

1.4.4　石子

石子宜选用 5～25mm 碎石，混凝土用碎石应采用反击破碎石机进行加工。

石子进场前要求供应商出具质保单，卸货后用肉眼观察石子中针片状颗粒含量。使用前要对石子的含水量、含泥量进行检验，并通过筛选分析试验对其颗粒级配进行检验，其质量应符合现行行业标准《普通混凝土用砂、石质量及检验方法标准》(JGJ 52—2006)的规定。

碎石或卵石碱活性检验应符合下列规定。

（1）对于长期处于潮湿环境的重要结构混凝土，其所使用的碎石或卵石应进行碱活性检验。

（2）进行碱活性检验时，首先应采用岩相法检验碱活性骨料的品种、类型和数量。当检验出骨料中含有活性二氧化硅时，应采用快速砂浆法和砂浆长度法进行碱活性检验。当检验出骨料中含有活性碳酸盐时，应采用岩石柱法进行碱活性检验。

① 经上述检验，当判定骨料存在潜在碱—碳酸盐反应危害时，不宜用作混凝土骨料，否则，应通过专门的混凝土试验做最后评定。

② 当判定骨料存在潜在碱—骨料反应危害时，应控制混凝土中碱的含量不超过 $3kg/m^3$，或采用能抑制碱—骨料反应的有效措施。

石子进厂时，应要求供应商出具质保单，卸货后应用肉眼观察石子中针片状颗粒含量，并应进行颗粒级配、含泥量、泥块含量、针片状颗粒含量检验。对其他指标的合格性有怀疑时，应予以检验。检验结果应符合现行行业标准《普通混凝土用砂、石质量及检验方法标准》(JGJ 52—2006)的规定。

1.4.5　外加剂

外加剂品种应通过试验室进行试配后确定，进场前应要求供应商出具合格证、出厂检验报告、产品说明书（应标明产品主要成分）和掺外加剂混凝土性能检验报告等。

外加剂应品质均匀、稳定，并应根据外加剂品种，定期对固体含量或含水量、pH 值、比重、密度、松散容重、表面张力、起泡性、氯化物含量、主要成分含量（如硫酸盐含量、还原糖含量、木质素含量等）、钢筋锈蚀快速试验、净浆流动度、净浆减水率、砂浆减水率、砂浆含气量等项目进行检测，其质量应符合现行国家标准《混凝土外加剂》(GB 8076—2008)的规定。

混凝土外加剂进厂时,应对其品种、性能、出厂日期等进行检查,并应对外加剂的相关性能指标进行检验,检验结果应符合现行国家标准《混凝土外加剂》(GB 8076—2008)和《混凝土外加剂应用技术规范》(GB 50119—2013)等的规定。

1.4.6　粉煤灰

粉煤灰应符合现行国家标准中的Ⅰ级或Ⅱ级各项技术性能及质量指标。粉煤灰进场前应要求供应商出具合格证和质保单等,按批次对其细度等进行检验。

粉煤灰进厂时,应对其品种、等级、批号、出厂日期等进行检查,并应对粉煤灰细度、需水量比、烧矢量、含水量、三氧化硫含量、游离氧化钙含量、雷氏法安定性进行检验,检验结果应满足现行国家标准《用于水泥和混凝土中的粉煤灰》(GB/T 1596—2017)的规定。

1.4.7　矿粉

1. 矿粉技术指标要求

矿粉进厂前应要求供应商出具合格证和质保单等,按批次对其活性指数、氯离子含量、细度及流动度比等进行检验,检测结果应符合现行国家标准《用于水泥、砂浆和混凝土中的粒化高炉矿渣粉》(GB/T 18046—2017)的规定。

2. 矿粉检验

矿粉进厂时,应对其名称、级别、编号、包装日期等进行检查,并应复验活性指数和流动度比两项指标。检验结果应满足现行国家标准《用于水泥、砂浆和混凝土中的粒化高炉矿渣粉》(GB/T 18046—2017)的规定。

1.4.8　拌制用水

混凝土拌制用水应符合现行行业标准《混凝土用水标准》(JGJ 63—2006)的规定。采用饮用水时,可不检验;采用中水、搅拌站清洗水、施工现场循环水等其他水源时,应对其成分进行检验。

1.4.9　钢筋

钢筋应无有害的表面缺陷,按盘卷交货的钢筋应将头尾有害缺陷部分切除。钢筋表面不得有横向裂纹、结疤和折痕,允许有不影响钢筋力学性能和连接的其他缺陷。

钢筋的弯曲度不得影响正常使用,钢筋每米弯曲度不大于 4mm,总弯曲度不大于钢筋总长度的 0.4%。钢筋的端部应平齐,不影响连接器的通过。弯芯直径弯曲 180°后,钢筋受弯曲部位表面不得产生裂纹。

构件连接钢筋采用套筒灌浆连接和浆锚搭接连接时,应采用热轧带肋钢筋。预制构件的吊环应采用未经冷加工的 HPB300 级钢筋制作。

当预制构件中采用钢筋焊接网片配筋时,应符合现行行业标准《钢筋焊接网混凝土结构技术规程》(JGJ 114—2014)的规定。

1.4.10　钢材

钢材一般采用普通碳素钢,其中最常用的是 Q235 低碳钢,其屈服强度为 235MPa,抗

拉强度为 375~500MPa。Q345 低合金高强度钢塑性、焊接性良好,屈服强度为 345MPa,
钢材的屈服强度随材料的厚度增加而减小。

预制构件吊装用内埋式螺母、吊杆及配套的吊具,应符合现行国家标准的规定。

预埋件锚板用钢材应采用 Q235、Q345 级钢,钢材等级不应低于 Q235B;钢材应符合现
行国家标准《碳素结构钢》(GB/T 700—2006)的规定。预埋件的锚筋应采用未经冷加工的
热轧钢筋制作。

装配整体式混凝土结构中,应积极推广使用高强度钢筋。预制构件纵向钢筋宜使用高
强度钢筋,或将高强度钢材用于制作承受动荷载的金属结构件。

1.4.11　墙板保温连接件

墙板保温连接件宜选用佩克夹心保温墙板连接件、哈芬三明治板不锈钢连接件或纤维
增强复合材料连接件。夹心外墙板中,内外叶墙板的连接件应符合下列规定。

(1) 金属及非金属材料连接件均应具有规定的承载力、变形和耐久性能,应经过试验
验证,并应满足防腐和耐久性要求。

(2) 连接件应满足夹心外墙板的节能设计要求。

(3) 不锈钢连接件的性能可参照相关标准和试验数据,也可参考相关国外技术标准。

1.4.12　预留预埋件

预埋件应符合下列规定。

(1) 受力预埋件的锚筋宜为 HRB400 或 HPB300 钢筋,不应采用冷加工钢筋。

(2) 预埋件的受力直锚筋不宜少于四根,且不宜多于四排,其直径不宜小于 8mm,且不
宜大于 25mm。受剪切预埋件的直锚筋可采用两根。受力锚板宜采用 Q235、Q345 钢材。
直锚筋与锚板应采用 T 形焊。

(3) 预埋件的锚筋位置应位于构件外层主筋的内侧。采用手工焊接时,焊缝高度不宜
小于 6mm 和 $0.5d$(HPB300 级)或 $0.6d$(HRB400 级)。

吊环应符合下列规定。

(1) 吊环应根据构件的大小、截面尺寸,确定在构件内的深入长度、弯折形式。

(2) 吊环应采用 HPB300 级钢筋弯制,严禁使用冷加工钢筋。

(3) 吊环的弯心直径为 $2.5d$,且不得小于 60mm。吊环锚入混凝土的深度不应小于
$30d$,并应焊接或绑扎在钢筋上。埋深不够时,可焊接在主筋上。

采用圆形吊钉、内螺旋吊点、卡片式吊点等新型预埋件,应通过专门的接驳器与卡环、
吊钩连接使用。使用前,应根据构件的尺寸、重量,经过受力计算后,选择适合的吊点,确保
使用安全。

预留管线(盒)应符合下列规定。

(1) 叠合板应做好上下水管、通风道等孔洞的预留。水管预留孔洞的套管,应制作成
成品预留;电气预留线盒、预埋灯头盒高度应根据叠合板高度定制预留;通风预留孔洞可按
照常规方式预留。

(2) 内外墙板应做好线盒、闸室、与现浇叠合层管线对接口等孔洞的预留。

预埋件应符合下列规定。

(1) 预埋件的材料、品种、规格、型号应符合国家相关标准规定和设计要求。

(2) 预埋件的防腐防锈应满足现行国家标准《工业建筑防腐蚀设计标准》(GB/T 50046—2018)和《涂装前钢材表面锈蚀等级和防锈等级》(GB/T 8923—1988)的规定。

(3) 管线的材料、品种、规格、型号应符合国家相关标准规定和设计要求。

(4) 管线的防腐防锈应满足现行国家标准《工业建筑防腐蚀设计标准》(GB/T 50046—2018)和《涂装前钢材表面锈蚀等级和防锈等级》(GB/T 8923—1988)的规定。

1.4.13 灌浆套筒

1. 套筒标志

套筒表面应刻印清晰、持久性标志;标志应至少包括厂家代号、套筒类型代号、特性代号、主参数代号及可追溯材料性能的生产批号等信息。

套筒批号应与原材料检验报告、发货凭单、产品检验记录、产品合格证等记录相对应。

2. 灌浆套筒质量要求

套筒采用铸造工艺制造时宜选用球墨铸铁,套筒采用机械加工工艺制造时宜选用优质碳素结构钢、低合金高强度结构钢、合金结构钢或其他经过型式检验确定符合要求的钢材。

采用球墨铸铁制造的套筒,材料性能应符合《球墨铸铁》(GB/T 1348—2019)的规定和《钢筋连接用灌浆套筒》(JG/T 398—2019)的相关要求。

外观应满足下列要求。

(1) 铸造的套筒表面不应有夹渣、冷隔、砂眼、缩孔、裂纹等影响使用性能的质量缺陷。

(2) 机械加工的套筒表面不得有裂纹或影响接头性能的其他缺陷;套筒端面和外表面的边棱处应无尖棱、毛刺。

(3) 套筒外表面应有清晰醒目的生产企业标识、套筒型号标志和套筒批号。

(4) 套筒表面允许有少量的锈斑或浮锈,不应有锈皮。

(5) 钢筋连接灌浆套筒应符合现行行业标准《钢筋套筒灌浆连接应用技术规程》(JGJ 355—2015)的规定。

1.4.14 钢筋机械连接套筒及锚固板

钢筋机械连接套筒应有出厂合格证,并应符合下列规定。

(1) 宜选用低合金钢或优质碳素结构钢,且其抗拉承载力标准值应大于等于被连接钢筋的受拉承载力标准值的 1.20 倍。

(2) 套筒长应为钢筋直径的 2 倍,套筒应有保护盖,保护盖上应注明套筒的规格。

(3) 套筒在运输、储存过程中,应防止锈蚀和玷污。

钢筋锚固板与钢筋连接强度不应小于被连接钢筋极限强度标准值;锚固板钢筋在混凝土中的实际锚固强度不应小于钢筋极限强度标准值。

钢筋机械连接套筒及锚固板进场时,应对其外观、尺寸偏差、抗拉强度进行检验,检验结果应符合国家现行有关标准的规定。

任务小结

项目拓展练习

1. 知识链接

微课:自动化　　　　微课:设备　　　　微课:混凝土材料的
生产线工艺　　　　　　　　　　　　　验收与保管

2. 方案编制

结合本项目的学习,编制一份装配式预制构件厂场地布置方案。

3. 项目练习题

（1）成组立模法生产技术的特点有哪些？

_____

_____

_____

_____

_____

（2）自动化生产线工艺是什么？

_____

_____

_____

_____

_____

（3）简述蒸汽养护的操作规程。

_____

_____

_____

_____

_____

（4）简述堆放场地的一般要求。

_____

_____

_____

_____

_____

项目 2　预制混凝土墙生产

知识目标

1. 了解预制墙构件生产前的准备工作内容。
2. 熟悉工具及设备的使用方法。
3. 掌握预制墙构件的制作工艺方法。
4. 掌握预制墙构件的质量验收要点。

能力目标

1. 能辨别预制墙构件生产的准备条件。
2. 能安全使用常见预制墙构件制作的工具及设备。
3. 能编制预制墙构件制作方案,具备初步进行构件制作的能力。
4. 能鉴别预制墙构件制作的质量。

价值目标

1. 具备良好的职业素养与严谨的专业精神。
2. 具备精益求精的专业精神。
3. 具备工程生产质量意识。

引用规范

1. 《混凝土结构工程施工质量验收规范》(GB 50204—2015)。
2. 《装配式混凝土结构技术规程》(JGJ 1—2014)。
3. 《装配式混凝土构件制作与验收标准》(DB13(J)/T181—2015)。
4. 《混凝土强度检验评定标准》(GB/T 50107—2010)。
5. 《混凝土质量控制标准》(GB 50164—2011)。

项目情境

　　某住宅建设项目建筑结构形式为传统框架—剪力墙结构,结构主体东西山墙、部分内部混凝土剪力墙采用预制混凝土剪力墙(外墙不含保温),地上部分为叠合整体装配式结构,建筑结构使用年限为 50 年,抗震设防烈度为 7 度。预制构件生产情况见表 2-1。

表 2-1 预制混凝土剪力墙生产清单

楼 号	层数/层	首层层高/m	标准层层高/m	构件名称	代号	数量（单层）/个
1#、2#、3#、4#	2～26	3.92	2.9	预制混凝土剪力墙	YWQ1	41
4#、5#、6#	2～25	3.92	2.9	预制混凝土剪力墙	YWQ2	26

任务 2.1 预制混凝土墙生产前期准备

【知识目标】

1. 熟悉施工现场准备和施工组织准备的内容。
2. 掌握施工前的安全检查内容。
3. 熟悉预制构件生产环节操作。

【能力目标】

1. 初步设计现场生产方案，初步组织现场生产。
2. 能够运用所学知识检查混凝土构件的质量。

【价值目标】

1. 培养学生工程安全生产意识。
2. 培养学生工程质量管理意识。

2.1.1 工作准备

1. 构件生产计划准备

预制构件在车间进行工厂化生产时，需要进行科学的生产组织，图 2-1 为某构件制作厂的生产布置示意图。在生产制作之前，应根据建设单位提供的深化设计图纸、产品供应计划等组织技术人员对项目的生产工艺、生产方案、进场计划、人员需求计划、物资采购计划、生产进度计划、模具设计、堆放场地、运输方式等内容进行策划，同时根据项目特点编制相关技术方案和具体保证措施，保证项目实施阶段的工作顺利进行。预制构件的生产准备一般是指生产开始前编制的生产计划，生产计划的质量直接影响客户满意度

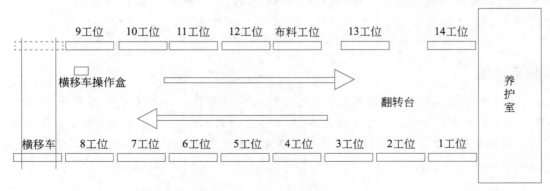

图 2-1 生产布置

和生产效率。

2. 人员准备

面向装配式混凝土构件生产企业,在构件模具准备阶段,在钢筋绑扎与预埋件预埋、构件浇筑、生产、施工、质量验收等阶段安排岗位操作人员和技术管理人员,根据技术规范与规程的要求,完成预制构件的生产与加工作业及技术管理等工作。

3. 技术准备

预制构件生产技术准备工作通常从选定产品方向、确定产品设计原则和进行技术设计开始,经过一系列生产技术工作,直至合理高效地组织产品投产。技术准备主要包括图纸交底、生产方案编制、质量管理方案编制、技术交底与培训、各工序技术准备等内容。

4. 材料准备

预制构件原材料主要包括钢筋、水泥、粗细骨料、外加剂、钢材、套筒、预埋件和混凝土等。用于构件制作和施工安装的建材和配件应符合相关的材质、测试和验收等规定,同时也应符合国家标准、行业标准和地方有关标准的规定。

5. 安全技术交底

为进一步加强预制构件厂的安全管理,确保施工人员的人身安全,切实推进标准化工地和文明施工建设,进行预制构件加工前必须对技术人员和施工人员进行安全技术交底。从施工现场一般安全要求和文明施工要求进行交底,注重安全操作规程。

2.1.2　任务实施

在进行生产区域布置时要综合考虑,使企业能有序、安全、经济地组织生产。合理的车间布置会减少各生产线之间的相互干扰。可布置环形生产线,以充分利用生产面积。

预制构件的生产一般在工厂完成,为了满足生产的需要,现代化的预制构件生产厂一般会设置几个功能区。在进行设施布置时,需要做到整体优化,充分利用场地和空间,减少场地内材料及构配件的搬运调配。

为实现施工现场零库存或者少库存,构件厂应和施工总承包单位制订预制构件生产运输和构件施工协同计划。总承包单位应根据施工实际进度,及时调整预制构件进场计划,构件厂应根据施工计划调整构件生产运输和进场计划。

构件制作前应审核预制构件深化设计图纸,并根据构件深化设计图纸进行模具设计,影响构件性能的变更和修改应由原施工图设计单位确认。预制构件制作前,应根据构件特点编制生产方案,明确各阶段质量控制要点,具体内容包括生产计划及生产工艺、模具计划及模具方案、技术质量控制措施、成品存放(图2-2)、保护及运输方案等。必要时应进行预制构件脱模、吊运、存放、翻转及运输等相关内容的承载力、裂缝和变形验算。

预制构件生产加工中的各种检测、试验、张拉、计量等设备及仪器仪表均应检定合格,并在有效期内使用。预制构件制作前,应对混凝土用原材料、钢筋、灌浆套筒、连接件、吊装件、预埋件、保温板等的产品合格证(质量合格证明文件、规格、型号及性能检测报告等)进行检查,并按照相关标准进行复检试验,经检测合格后才可使用,试验报告应存档备案。

图 2-2　预制构件成品存放

2.1.3　成果检验

　　检查人员需求计划、物资需求计划、生产作业计划是否完善，将机具、材料准备情况填入表 2-2。检查是否已对生产人员进行了岗位培训，使其能完成生产前的准备工作。对图纸、生产方案、质量管理方案、技术交底与培训、各工序技术准备情况进行检查。对水泥、细骨料、粗骨料、减水剂、钢材、预埋件、混凝土按规范要求进行质量检验。检查安全负责人是否对所有生产人员进行了安全教育、安全交底以及执行各项安全技术措施的情况。

表 2-2　机具、材料选用准备情况表

序号	机具型号、名称	数量	检查确认	序号	材料名称	数量	检查确认
1				1			
2				2			
3				3			
4				4			
5				5			
6				6			
7				7			
8				8			
9				9			
10				10			
11				11			

任务小结

任务 2.2　预制混凝土墙模具拼装

【知识目标】

1. 熟悉墙模具图纸内容。

2. 掌握墙模具组装工艺流程。

3. 掌握墙模具组装后验收要点。

【能力目标】

1. 能够按照规范要求进行墙模具组装。

2. 能够运用所学知识检查墙模具组装的质量。

【价值目标】

1. 培养学生团队合作精神。

2. 培养工程质量管理的意识。

2.2.1　工作准备

1. 模具的特性及要求

(1) 模具的设计需要模块化。一套模具在成本适当的情况下应尽可能满足"一模多制作"，模块化是降低成本的前提。

(2) 模具的设计需要轻量化。在不影响使用周期的情况下进行轻量化设计，既可以降低成本，又可以提高作业效率。

(3) 模具应具有足够的承载力、刚度和稳定性，保证在构件生产时能可靠承受浇筑混凝土的重量、侧压力及工作荷载。

(4) 模具应支拆方便，且应便于钢筋安装和混凝土浇筑、养护。

(5) 模具的部件与部件之间应连接牢固，预制构件上的预埋件均应有可靠的固定措施。

2. 模具组装操作规程

(1) 根据图纸尺寸在模台上绘制出模具的边线，仅制作首件时采用。

(2) 在已清洁的模具的拼装部位粘贴密封条防止漏浆。

(3) 在模台与混凝土接触的表面均匀喷涂隔离剂，擦至面干。

(4) 根据图样及模台上绘制出的边线定位模具，然后在模板及模台上打孔、攻丝。普通有加强肋的模板孔眼间距一般不大于 500mm，如果模板没有加强肋，应适当缩小孔眼间距，增加孔眼数量。如模板自带孔眼，模台上的孔眼尺寸应小于模板自带的孔眼。钻孔时应先用磁力钻钻孔，然后用丝锥攻丝。一般模板两端使用螺纹孔，中间部位间隔布置定位销孔和螺纹孔，定位销孔不需要攻丝。常用工具设备如表 2-3 所示。

(5) 模具应按照顺序组装。一般平板类预制构件宜先组装外模，再组装内模；阳台、飘窗等宜先组装内模，再组装外模。对于需要先吊入钢筋骨架的预制构件，应严格按照工艺流程在吊入钢筋骨架后再组装模具，最后安装上面的埋件。

表 2-3 预制构件的生产设备表

序号	生产设备	作 用
1	模台	模台用于混凝土预制构件的生产,需满足长期振捣不变形的要求,同时必须考虑刚性、强度要求
2	模台辗道	模台辗道是实现模台沿生产线机械化行走的必要设备。模台辗道由两侧的辗轮组成
3	模具清扫机	模具清扫机可将脱模后的空模台上附着的混凝土清理干净
4	画线机	画线机可按要求自动在模台上画出点和线,采用水墨喷墨的方式快速且准确地标出边模、预埋件等的位置,提高放置边模、预埋件的准确性和速度

（6）模具固定方式应根据预制构件类型确定。异形预制构件或较高大的预制构件,应采用定位销和螺栓固定,螺栓应紧固;较薄的平板类预制构件,既可采用螺栓加定位销固定,也可采用磁盒固定。

（7）钢筋骨架入模前,应在模具相应的模板面上涂刷隔离剂或缓凝剂。

（8）对侧边留出箍筋的部位,应采用泡沫棒或专用卡片封堵出筋孔,以防止漏浆。

（9）按要求做好伸出钢筋的定位措施。

（10）模具组装完毕后,依照图样检验模具,及时修正错误部位。

（11）自检无误后,报质检员复检。

2.2.2 任务方案

1. 熟悉任务

模具是专门用来生产预制构件的各种模板系统,可采用固定生产场地的固定模具,也可采用移动模具。预制构件生产模具主要以钢模为主,面板主材为 Q235 钢板,支撑结构可选用型钢或者钢板,对于形状复杂、数量较少的构件,也可采用木模板或其他材料制作模具。

预制构件生产过程中,模具设计的质量决定了构件的质量、生产效率以及企业的成本,应引起足够重视。图 2-3 为墙板模具组装图,模具设计时需要遵循质量可靠、方便操作、通用性强、方便运输等原则,同时应注意使用寿命。

模具应具有足够的承载能力、刚度和稳定性,保证构件生产时能可靠承受浇筑混凝土的重量、侧压力和工作荷载。模具应支拆方便,且应便于钢筋安装和混凝土浇筑、养护;模具的部件与部件之间应连接牢固;预制构件上的预埋件应有可靠的固定措施。

2. 任务分组

预制混凝土墙模具拼装工作中,根据岗位角色与任务分工完成学生任务分配表(表 2-4),并填写安全与施工技术交底内容。

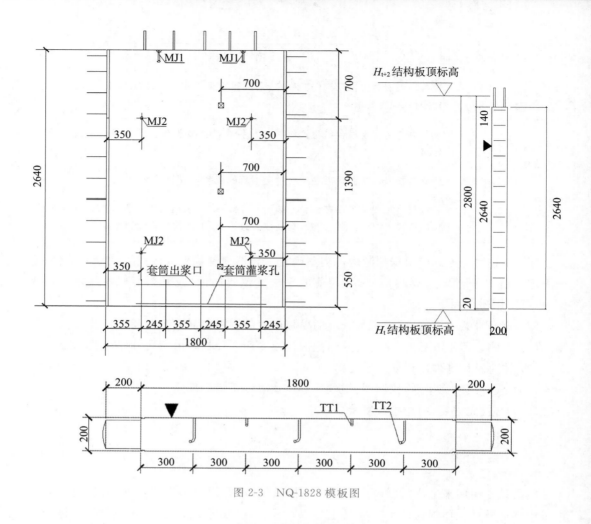

图 2-3 NQ-1828 模板图

表 2-4 学生任务分配表

组号		组长		指导教师	
组员	姓 名		岗位角色与任务分工		
安全与施工技术交底内容					

2.2.3 任务实施

1. 墙板模具组装要点

模具组装时,应根据图样检查各边模的套筒、留出筋、穿墙孔(挂架孔)等位置,确保模具组装正确。模具组装过程如图 2-4 所示。

模具组装完成后,应封堵好出筋孔,做好出筋定位措施。

清理	弹线
模具安装	模具检验

图 2-4 模具组装施工过程

2. 模具的检查

(1)模具应具有足够的刚度、强度和稳定性,模具尺寸误差的检验标准和检验方法应符合规定。

(2)模具各拼缝部位应无明显缝隙,安装牢固,螺栓和定位销无遗漏,磁盒间距符合要求。

(3)模具上必须安装的预埋件、套筒等应齐全无缺漏,品种、规格应符合要求。

(4)模具上擦涂的脱模剂、缓凝剂应无堆积、无漏涂或错涂。

(5)模具上的预留孔、出筋孔、不用的螺栓孔等部位,应做好防漏浆措施。

(6)模具薄弱部位应有加强措施,防止施工过程中发生变形。

(7)要求内凹的预埋件上口应加垫龙眼,线盒应采用芯模和盖板固定。

(8)工装架、定位板等应位置正确,安装牢固。

3. 模具的组装

对于通用模具,可以采用机械组装的方式实现自动化作业,快速完成模具的组装,例如不出筋的楼板和墙板的组装,可采用磁力系统固定。对于不通用的模具,四面有外伸件,如剪力墙构件生产模具,只能采用人工作业组装,在模具未优化的情况下,有时还需要与钢筋笼共同进行组装。

4. 预制构件脱模剂、缓凝剂的涂刷

1)脱模剂的涂刷要点

为便于预制构件脱模以及脱模后成型表面达到预定的要求,通常会在模具表面涂刷脱模剂。脱模剂涂刷不到位或涂刷后较长时间才浇筑混凝土,易造成预制构件表面混凝土黏膜而产生麻面;脱模剂涂刷过量或局部堆积,易造成预制构件表面混凝土麻面或局部疏松;脱模剂不干净或涂刷脱模剂的刷子、抹布不干净,易造成预制构件表面脏污、有色差等。

涂刷脱模剂可以用滚刷和棉抹布手工擦拭,也可使用喷涂设备喷涂,一般情况下非自动化生产线,建议手工擦拭。

2)缓凝剂的涂刷要点

在模具表面涂刷缓凝剂是为了缓解预制构件与模板接触面混凝土的强度增长,以便于在预制构件脱模后对需要做成粗糙面的表面进行后期处理。

使用缓凝剂后,在预制构件脱模后,用压力水冲刷需要做成粗糙面的混凝土表面,通过控制冲刷时间和缓凝剂的用量,控制粗糙面骨料外露的深浅。达到设计要求的混凝土粗糙面,应保证与后浇混凝土的黏结性也满足设计要求。

2.2.4 成果检验

预制构件生产应根据生产工艺、产品类型等制定模具方案,应建立健全模具验收、使用制度(表 2-5)。模具应具有足够的强度、刚度和整体稳固性,并应符合规定。模具组装前,首先需根据构件制作图核对模具的尺寸是否满足设计要求,然后对模板几何尺寸进行检查,包括模板与混凝土接触面的平整度、板面弯曲、拼装接缝等,最后对模具的观感进行检查,接触面不应有划痕、锈渍和氧化层脱落等现象。

表 2-5 预制构件模具尺寸的允许偏差和检验方法

序号	检验项目	允许偏差/mm	检 验 方 法	实测记录值
1	长			
2	宽	±4	用钢尺量平行构件高度方向,取其中偏差绝对值较大处	
3	厚			
4	对角线差	3	用钢尺量纵、横两个方向对角线	
5	模具拼缝	1	用塞片或塞尺测量	
6	模具平整度	3	靠尺检查	

任务小结

任务 2.3　预制混凝土墙钢筋骨架制作与安装

【知识目标】

1. 熟悉钢筋制作与绑扎工艺流程。

2. 掌握墙钢筋的制作与安装要点。

3. 掌握钢筋安装的质量验收内容。

【能力目标】

1. 识读钢筋配筋图,进行墙钢筋制作与安装。

2. 能够运用所学知识检查钢筋安装的质量。

【价值目标】

1. 培养学生的规范施工意识。

2. 培养学生团队合作精神。

2.3.1　工作准备

1. 钢筋加工准备

(1) 钢筋加工场地面平整,道路通畅,机具设备和电源布置合理。

(2) 采用机械方式进行钢筋的除锈、调直、断料和弯曲等加工时,机械传动装置要设防护罩,并由专人使用和保管。

(3) 钢筋焊接人员需佩戴防护、鞋盖、手套和工作帽,防止眼睛受伤和灼伤皮肤。电焊机的电源部分要有保护,避免操作不慎使钢筋和电源接触,发生触电事故。

(4) 钢筋调直机要固定,手与飞轮要保持安全距离;调至钢筋末端时,要防止甩动和弹起伤人。

(5) 操作钢筋切断机时,不准将两手分在刀片两侧俯身送料;不准切断直径超过机械规定的钢筋。

(6) 钢筋弯曲机弯钢筋时,工作台要安装牢固;被弯曲钢筋的直径不准超过弯曲机规定的允许值。弯曲钢筋的旋转半径内和机身没有设置固定销的一侧,严禁站人。

(7) 钢筋电机等加工设备要妥善进行保护接地或接零。各类钢筋加工机械使用前要严格检查,其电源线不能有破损、老化等现象,其自身附带的开关必须安装牢固,动作灵敏可靠。

(8) 搬运钢筋时要注意附近有无人员、障碍物、架空电线和其他电气设备,防止碰人撞物或发生触电事故。

2. 钢筋加工设备

表 2-6 所示为常用的钢筋生产设备及作用。

3. 工具材料准备

根据任务方案填写表 2-7,做好施工前的准备工作。

表 2-6 预制构件的钢筋生产设备及作用

序号	生产设备	作　用
1	数控钢筋弯箍机	确保钢筋的矫直达到最高的精度,是钢筋加工机械之一。数控钢筋弯箍机(图 2-5)在建筑业中应用非常广泛,能实现高效率的生产
2	数控钢筋调直机	数控钢筋调直机是自动将圆形或带肋钢筋连续调直、定尺、切断、加工成直条的设备,适用于建筑工程常用钢筋直条的加工,适合调直、剪切热轧和各种材质的线材
3	钢筋弯曲机	结构简单、工作可靠、操作灵敏,可将工程上各种普通碳素钢、螺纹钢等加工成所需要的各种形状,广泛应用于建筑、预制厂和建筑工地操作中
4	钢筋切断机	钢筋切断机是一种剪切钢筋所使用的工具,有全自动钢筋切断机和半自动钢筋切断机两种。主要用于土建工程中对钢筋的定长切断,是钢筋加工环节必不可少的设备

图 2-5 数控钢筋弯箍机

表 2-7 工具、材料选用准备情况表

序号	工具名称	数量	序号	材料名称	数量
1			1		
2			2		
3			3		
4			4		
5			5		
6			6		
7			7		
8			8		

2.3.2 任务方案

1. 熟悉任务

钢筋下料长度与图纸中尺寸不同,需了解钢筋弯曲、弯钩等情况,结合图纸(图 2-6)尺寸计算其下料长度,核对钢筋下料单,确认无误后下单加工。钢筋原材料经过单根钢筋的

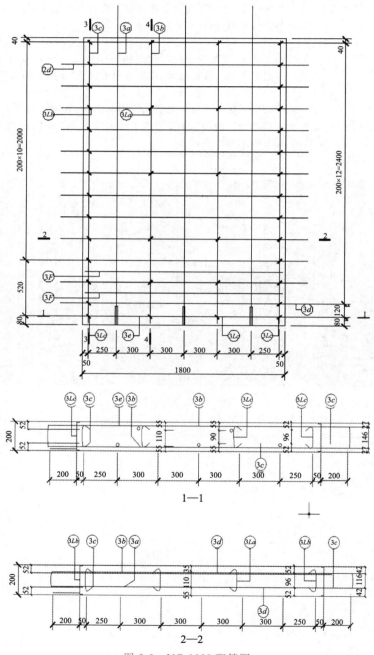

图 2-6 NQ-1828 配筋图

制备、加工、绑扎安装等工序制成成品后,进入下一道工序,比如混凝土浇筑施工。

2. 任务分组

预制混凝土墙钢筋骨架制作与安装工作中,根据岗位角色与任务分工完成学生任务分配表(表 2-8),并填写安全与施工技术交底内容。

表 2-8 学生任务分配表

组号		组长		指导教师	
	姓名		岗位角色与任务分工		
组员					
安全与施工技术交底内容					

2.3.3 任务实施

1. 钢筋除锈与调直

钢筋的表面应洁净,油渍、漆污和用锤敲击时能剥落的浮皮、铁锈等应在加工前清除干净。在焊接前,焊点处的水锈应清除干净。钢筋如有锈蚀,应用钢丝刷或在调直过程中除锈,带有颗粒状或片状老锈的钢筋不得使用。钢筋调直时,其调直冷拉率 I 级钢不大于 4%,钢筋拉直后应平直,且无局部曲折。

2. 钢筋下料与切断

钢筋下料长度就是钢筋在断料时的长度。钢筋下料长度的计算方法为:钢筋下料长度＝外包尺寸一量度差值＋端部弯钩增长值。

钢筋断料时要注意将同规格钢筋根据不同长度长短搭配,统筹排料,一般应先断长料,后断短料,减少短头,减少损耗。断料时应避免用短尺量长料,防止在量料时产生累积误差。宜在工作台上标出尺寸刻度线并设置控制断料尺寸用的挡板。在切断过程中,如发现钢筋有劈裂、缩头或影响使用的弯头等情况,必须切除。钢筋的断口不得有马蹄形或起弯等现象。

3. 钢筋弯曲成型

钢筋加工一般采用专用设备自动化加工,在加工弯折时不得出现裂纹,Ⅱ、Ⅲ级钢筋不得反复弯曲。当设计要求钢筋末端需做 135°弯钩时,HRB335 级、HRB400 级钢筋的弯弧内直径 D 不应小于钢筋直径的 4 倍,弯钩的弯后平直部分长度应符合设计要求。当钢筋做不大于 90°的弯折时,弯折处的弯弧内直径不应小于钢筋直径的 5 倍。除焊接封闭环式箍筋外,箍筋的末端应做弯钩。对于箍筋和拉结筋,弯钩形式应符合设计要求;当设计无具体要求时,应符合下列规定。

(1)弯钩的弯弧内直径除应满足上述要求外,不应小于钢筋的直径。

(2)对有抗震等要求的结构,弯钩的弯折角度应为 135°。

(3)对有抗震要求的结构,弯后的平直部分长度不应小于箍筋直径的 10 倍和 75mm二者中的较大值。

4. 钢筋的绑扎与安装

绑扎前应对钢筋质量进行检查,确保钢筋表面无锈蚀、污垢,确保钢筋的规格、型号、数量正确。严格按照图纸进行绑扎,保证外露钢筋的外露尺寸,保证主筋间距,保证钢筋保护层厚度,所有尺寸误差不得超过±5mm。严禁私自改动钢筋笼结构。拉筋(图 2-7)绑扎应严格按图施工,拉筋钩在受力主筋上,不准漏放,135°钩靠下,直角钩靠上,待绑扎完成后再手工将直角钩弯下成 135°。钢筋垫块严禁漏放、少放,确保混凝土保护层厚度。

图 2-7 拉筋

用两根扎丝绑扎连接,相邻两个绑扎点的绑扎方向相反。按要求绑扎钢筋骨架,套筒端部应在端板上定位,套筒角度应确保与模具垂直。伸入全灌浆套筒的钢筋,应插入套筒中心挡片处,钢筋与套筒之间的橡胶圈应安装紧密。半灌浆套筒应预先将已轧螺纹的连接钢筋与套筒螺纹端按要求拧紧后再绑扎钢筋骨架。对连接钢筋需提前检查镦粗、剥肋、滚轧螺纹的质量,避免末镦粗直接滚轧螺纹,削减了钢筋断面。

将需要的钢筋半成品运送至作业工位。在主筋或纵筋上测量并标示分布筋、箍筋的位置。根据预制构件配筋图,将半成品钢筋按顺序排布于模具内,确保各类钢筋位置正确(图 2-8)。在模具两侧根据主筋或纵筋上的标识绑扎分布筋,单层网片宜先绑四周再绑中间,绑中间时应在模具上搭设挑架;双层网片宜先绑底层再绑面层(图2-9)。面层网片应满绑,底层网片可四周两挡满绑,中间间隔呈梅花状绑扎,但不得存在相邻两道未绑的现象。钢筋应绑扎牢固,不得松动、倾斜,绑丝头宜顺钢筋紧贴,双层网片钢筋头可朝向网片内侧。绑扎完成后,应清理模具内杂物、断扎丝等。工具使用后应清理干净,整齐放入指定工具箱内。及时清扫作业区域,垃圾放入垃圾桶内。

图 2-8　钢筋布置　　　　　　　　　　　图 2-9　钢筋绑扎

2.3.4　成果检验

在混凝土浇筑之前,应对每块预制构件进行隐蔽工程验收,确保其符合设计要求和规范规定(表2-9)。企业的质检员和质量负责人负责隐蔽工程验收,钢筋是隐蔽工程验收的主要内容,需要检查钢筋的品种、等级、规格、长度、数量、布筋间距、弯心直径、弯曲角度等;钢筋交叉点的绑扎情况;拉钩、马凳的间距和布置形式;钢筋骨架的钢筋保护层厚度,保护层垫块的布置形式、数量;伸出钢筋的伸出位置、伸出长度、伸出方向、定位措施;钢筋的连接方式、连接质量、接头数量和位置。

表 2-9　钢筋质量验收表

序号	检验项目	允许偏差/mm	检验方法	实测记录值
1	长度	0,−5	钢尺检查	
2	宽度	±5	钢尺检查	
3	厚度	±5	钢尺检查	
4	主筋间距	±10	钢尺量连续三挡,取最大值	
5	分布筋间距	±10	钢尺量连续三挡,取最大值	
6	拉筋设置	±10	钢尺检查	
7	保护层	±5	钢尺检查	
8	钢筋套筒位置	±3	钢尺检查	

序号	检验项目	允许偏差/mm	检验方法	实测记录值
9	绑扎质量	松缺口率≤10%	观察	
10	端头外露长度	0,+5	钢尺检查	
11	预留洞口位置	±5	钢尺检查	
12	预留洞口尺寸	0,+8	钢尺检查	
13	外观质量		观察	

任务小结

任务 2.4 预制混凝土墙预埋件安装

【知识目标】

1. 熟悉预埋件安装工艺流程。
2. 掌握预埋件安装操作要点。
3. 掌握预埋件安装的质量验收内容。

【能力目标】

1. 通过识读钢筋配筋图,进行预埋件安装。
2. 能够运用所学知识检查预埋件安装的质量。

【价值目标】

1. 培养学生的规范施工意识。
2. 培养学生团队合作精神。

2.4.1 工作准备

1. 预制埋件

预制埋件应按照材料、品种、规格分类存放并标识。预制埋件应进行防腐、防锈处理,并应满足现行国家标准的有关规定。预制埋件就是预先安装(埋藏)在隐蔽工程内的构件,是在结构浇筑时安置的构配件,用于砌筑上部结构时搭接,以利于外部工程设备基础的安装固定。预制埋件大多由金属材料制造,例如钢筋或者铸铁,也可用木头、塑料等非金属刚性材料制造。预制埋件的种类包括预埋件、预埋管和预埋螺栓。

预埋件是在结构中留设的由钢板和锚固筋组成的构件,用来连接结构构件或非结构构件,比如作为后工序固定(如门、窗、幕墙、水管、煤气管等)用的连接件。

预埋管是在结构中预先留设的管(常见的有钢管、铸铁管或 PVC 管),主要用来穿管线(强弱电、给水排水、煤气等管线)或为其他设备服务。

预埋螺栓是在结构中,一次性把螺栓预埋在结构里,上部留出的螺栓丝扣用来固定构件,起到连接固定的作用。

2. 机具、材料的准备

检查用于预制混凝土墙预埋件安装的机具型号、名称与数量,材料的名称与数量等,均应符合生产和相关标准的要求,并填写机具、材料选用准备情况表(表 2-10)。

2.4.2 任务方案

1. 熟悉任务

在模具钢筋组装完成后,需要完成各种预埋件的安装(图 2-10),包括吊点埋件、支撑点埋件、电箱电盒、线管、洞口埋件等。较大的预埋件应先于钢筋骨架入模或与钢筋骨架一起入模,其他预埋件一般在最后入模。

表 2-10　机具、材料选用准备情况表

序号	机具型号、名称	数量	序号	材料名称	数量
1			1		
2			2		
3			3		
4			4		
5			5		
6			6		

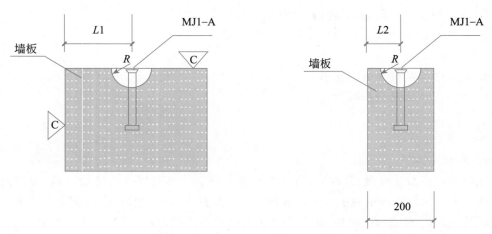

图 2-10　内墙板吊点预埋件示意图

2. 分组安排

预制混凝土墙预埋件安装工作中,依据岗位角色与任务分工完成学生任务分配表(表 2-11),并填写安全与施工技术交底内容。

表 2-11　学生任务分配表

组号		组长		指导教师	
组员	姓名		岗位角色与任务分工		
安全与施工技术交底内容					

2.4.3　任务实施

1. 预埋件安装

预埋件安装前应核对类型、品种、规格、数量等,不得错装或漏装,安装预埋件应遵循先主后次、先大后小的原则。应根据工艺要求和预埋件的安装方向正确安装预埋件,倒扣在模台上的预埋件应在模台上设定位杆,安装在侧模上的预埋件应用螺栓固定在侧模上,在预制构件浇筑面上的预埋件应采用挑架固定安装(图 2-11)。预埋件安装应牢固且须防止位移,安装的水平位置和垂直位置应满足设计及规范要求。底部带孔的预埋件,安装后应在孔中穿入规格合格的加强筋,加强筋的长度应在预埋件两端各露出不少于 150mm,并防止加强筋在孔内左右移动。预埋件应逐个安装完成后一次性紧固到位。

图 2-11　预埋件挑架固定安装

2. 线盒线管安装

在线盒内塞入泡沫,线管按要求进行弯管后用胶带对端头进行封堵。按要求将线盒固定在底模或工装架上,常用的线盒固定方式有压顶式、芯模固定式、绑扎固定式、磁吸固定式等。按要求打开线盒侧面的穿管孔,安装锁扣后,将线管一端伸入锁扣与线盒连接牢固,线管的另一端伸入另一个线盒或者伸出模具外,伸出模具外的线管应注意保护,防止从根部折断,将线管中部与钢筋骨架绑扎牢固(图 2-12)。

图 2-12　线管安装

3. 门窗框的安装

核对门窗框型号,分清门窗框内外、上下,将门窗框放置于底模上。在门窗框内四角位置安装定位挡块,测量上下、左右距边模的尺寸,紧固定位挡块。上压框拼装成一个整体,在上压框底面贴上防漏浆胶带,胶带应与上压框外沿齐平,接头平整无缺口。将上压框扣压在门窗框上,测量上压框上下、左右距边模的尺寸,固定上压框。门窗框四边如缠有胶带,用刀片将胶带切断,避免形成渗水通道。有避雷要求的,在门窗框指定位置安装避雷铜编带,铜编带与门窗框连接部位用砂纸去除表面绝缘涂层。将门窗框凹槽内的锚固脚片向外掰开。

4. 预埋件在安装时发生冲突的处理方法

在安装预埋件时,其互相之间或与钢筋之间有时会发生冲突而造成无法安装或虽然能安装但因间距过小而影响后期混凝土作业的情况,一般可按以下方法处理。

(1)预埋件与非主筋发生冲突时,一般适当调整钢筋的位置或对钢筋发生冲突的部位进行弯折,避开预埋件。

(2)当预埋件与主筋发生冲突时,可折弯主筋避让或联系设计单位给出方案。

(3)当预埋件之间发生冲突,或预埋件安装后造成相互之间或与钢筋之间间距过小,可能影响混凝土流动和包裹时,应联系设计单位给出方案。

2.4.4　成果检验

预埋件验收也是隐蔽工程验收的一项内容,需要检查预埋件的材料、品种、规格型号是否符合现行国家相关标准的规定和设计要求;及预埋件是否按照预制构件制作图进行制作,并准确定位,满足设计及施工要求。预埋件加工及安装固定允许偏差应满足规范的规定(表 2-12)。

表 2-12　预埋件质量要求和允许偏差

项　　目		允许偏差/mm	检验方法	实测记录值
规格尺寸		0,−5	钢尺检查	
表面平整度		2	靠尺、塞尺	
预埋套筒中心线位置偏移		2	钢尺检查	
预埋螺栓	中心线位置偏移	2	钢尺检查	
	外露长度	+10,−5		
预留孔洞	中心线位置偏移	5	钢尺检查	
	尺寸	±3		
	垂直度	1/3	钢尺检查	

任务小结

任务 2.5　预制混凝土墙混凝土浇筑

【知识目标】

1. 熟悉混凝土搅拌要求。
2. 熟悉混凝土浇筑工艺流程。
3. 掌握混凝土浇筑操作要点。

【能力目标】

1. 按照施工工艺要求完成混凝土浇筑。
2. 能够运用所学知识检查混凝土浇筑的质量。

【价值目标】

1. 培养学生规范施工意识。
2. 培养学生质量至上的意识。

2.5.1　工作准备

1. 原材料检验

混凝土施工时应采用符合质量要求的原材料,按规定的配合比配料,混合料应拌合均匀,以保证设计强度、施工和易性和特殊要求(如抗冻、抗渗等),并应节约水泥,减轻劳动强度。需要对原材料进行检验,比如水泥进场前要求供应商出具水泥出厂合格证和质保单,对其品种、级别、包装或散装仓号、出厂日期等进行检查,并按照批次对其强度、安定性、凝结时间等性能进行复检。使用前对砂的含水量、含泥量进行检验,并通过筛选分析试验对其颗粒级配及细度模数进行检验,不得使用海砂。使用前要对石子含水量、含泥量进行检验,并通过筛选分析试验对其颗粒级配进行检验,其质量应符合现行行业标准《普通混凝土用砂、石质量及检验方法标准》(JGJ 52—2006)的相关规定。

对于外加剂,以减水剂为例,其品种应通过试验室进行试配后确定,进场前要求供应商出具合格证和质保单等。减水剂产品应均匀、稳定,对固体含量或含水量、pH 值、比重、密度、松散容重、表面张力、起泡性、氯化物含量进行定期选测。

2. 机具、材料的准备

检查用于预制混凝土墙混凝土浇筑用的机具型号、名称、数量,材料的名称与数量等,均应符合生产和相关标准的要求,并填写机具、材料选用准备情况表(表 2-13)

2.5.2　任务方案

1. 熟悉任务

混凝土的施工工艺主要有混凝土的制备、混凝土的搅拌、混凝土的运输、混凝土的浇筑、混凝土的振捣、混凝土的养护、混凝土的拆模。为保证混凝土工程质量和混凝土工程施工的顺利进行,在浇筑前一定要做好相关的准备工作,对原材料进行检验,控制好混凝土配合比,遵守混凝土浇筑过程中的基本规定,确保混凝土的浇筑质量。

表 2-13 机具、材料选用准备情况表

序号	机具名称	数量	序号	材料名称	数量
1			1		
2			2		
3			3		
4			4		
5			5		
6			6		

2. 任务分组

预制混凝土墙混凝土浇筑工作中,根据岗位角色与任务分工完成学生任务分配表(表 2-14),并填写安全与施工技术交底内容。

表 2-14 学生任务分配表

组号		组长		指导教师	
	姓名		岗位角色与任务分工		
组员					
安全与施工技术交底内容					

2.5.3 任务实施

预制构件混凝土的搅拌是指工厂搅拌站人员根据车间布料员报送的混凝土规格(包括浇筑构件类型、构件编号、混凝土类型及强度等级、坍落度要求及需要的混凝土方量等)进行混凝土搅拌。

1. 控制好搅拌的节奏

预制构件作业不是整体浇筑,而是逐个预制构件进行浇筑,每个预制构件的混凝土强度等级可能都不一样,混凝土用量一般也不一样,前道工序完成的节奏也会有差异。所以,混凝土搅拌作业必须控制节奏,搅拌混凝土强度等级、混凝土数量必须与已经完成前道工序的预制构件的需求一致,既要避免搅拌量过剩或搅拌后等待入模时间过长,也要尽可能提高搅拌效率。对于全自动生产线,计算机会自动调节搅拌时间并控制节奏,对于半自动和人工控制生产线以及固定模台工艺,混凝土搅拌节奏是靠人工控制的,所以需要严密的计划并在作业时随时进行沟通。

2. 浇筑前的检测

混凝土配合比设计应符合行业标准《普通混凝土配合比设计规程》(JGJ 55—2011)的相关规定和设计要求。混凝土浇筑前,需检测混凝土的坍落度,坍落度宜在浇筑地点随机取样检测,经坍落度检测合格的混凝土才可使用。混凝土坍落度的检验,应根据预制构件的结构断面、钢筋含量、运输距离、浇筑方法、运输方式、振捣能力和气候条件等选定,在选定配合比时应综合考虑,以采用较小的坍落度为宜,同时,对混凝土的强度进行检验。若是遇到原材料的产地或品质发生显著变化时或混凝土质量异常时,应对混凝土配合比重新设计并进行检验。

3. 混凝土施工

将搅拌完成的混凝土打入自动运输罐中,混凝土运输要注意运输能力与搅拌混凝土的节奏匹配。运输路径应通畅,尽可能缩短运输时间和距离。运输混凝土的容器每次出料后必须清洗干净,不能有残留混凝土。应控制好混凝土从出料到浇筑完成的时间,不应超过标准规定。车间布料员控制运输罐自动运输到车间布料台处,并将混凝土倒入自动布料机中(图 2-13)。

图 2-13　布料机

(1)混凝土运输车进入预制厂时应鸣笛示警,浇筑人员应指挥车辆驶入浇筑区。混凝土罐车在厂内行走时,应走固定的通道,并由专人指挥。

(2)施工人员要严格遵守操作规程,振捣设备使用前要严格检查,其电源线不能有破损、老化等现象,其自身附带的开关必须安装牢固,动作灵敏可靠。电源插头、插座要完好无损。

（3）混凝土振捣时，操作人员必须戴绝缘手套、穿绝缘鞋，防止触电。作业转移时，电机电缆线要保持足够的长度和高度，严禁用电缆线拖、拉振捣器，更不能在钢筋和其他锐利物上拖拉，防止割破、拉断电线而造成触电伤亡事故。振捣工人必须掌握振捣器的安全知识和使用方法，作业后及时保养、清洁设备。

（4）浇筑混凝土过程中（图 2-14），密切关注模板变化，出现异常应停止浇筑并及时处理。

图 2-14　墙板混凝土浇筑

（5）预制构件混凝土振捣与现浇混凝土振捣不同，由于套筒、预埋件多，所以要根据预制构件的具体情况选择适宜的振捣形式及振捣棒。插入式振捣器要 2 人操作，1 人控制振捣器，1 人控制电机及开关，用固定模台插入式振动棒振捣，振动棒宜垂直于混凝土表面插入，快插慢拔，均匀振捣。当混凝土表面无明显塌陷、不再冒气泡且有水泥浆出现时，应当结束该部位的振捣。

（6）振动棒与模板的距离不应大于振动棒作用半径的一半；振捣插点间距不应大于振动棒作用半径的 1.4 倍。

（7）需分层浇筑时，浇筑次层混凝土时，振动棒的前端应插入前一层混凝土中 20～50mm。钢筋密集区、预埋件及套筒部位应当选用小型振动棒振捣，并且加密振捣点，适当延长振捣时间。

（8）反打石材、装饰面砖、装饰混凝土等墙板类预制构件振捣时应控制振动棒的插入深度，防止振动棒损伤饰面材料。

（9）流水线作业时，采用自动振动台振捣，流水线振动台可以上下、左右、前后 360°运动，使混凝土达到密实。

4. 浇筑混凝土的表面处理

（1）压光面。混凝土浇筑振捣完成后，应用铝合金刮尺刮平表面，在混凝土表面临近面干时，对混凝土表面进行抹压至表面平整光洁。

（2）粗糙面。预制构件模具面要做成粗糙面，可采用预涂缓凝剂工艺，脱模后采用高压水枪冲洗形成。预制构件浇筑面要做成粗糙面，可在混凝土初凝前进行拉毛处理。

（3）键槽。模具面的键槽是靠模板上预设的凹凸形状模板实现的。浇筑面的键槽应在混凝土浇筑后用专用工具压制成型。

2.5.4　成果检验

根据混凝土工程质量验收记录的主控项目与一般项目,完成实测记录值的填写(表 2-15)。

表 2-15　混凝土工程质量验收记录

项　　目	允许偏差/mm	检　验　方　法	实测记录值
墙板长度	±4	钢尺量测	
板的高度、厚度	±4	一端及中部,取其中偏差绝对值较大处	
墙板内表面表面平整度	5	用 2m 靠尺和塞尺量测	
墙板外表面表面平整度	3	用 2m 靠尺和塞尺量测	
墙板侧向弯曲	$L/1000$ 且≤20	拉线、钢尺量测最大侧向弯曲处	
墙板翘曲	$L/750$	调平尺在两端量测	
墙板对角线差	5	钢尺量测两条对角线	
键槽中心线位置	5	钢尺量测	
键槽长度、宽度	±5	钢尺量测	
键槽深度	±10	钢尺量测	

任务小结

任务 2.6　预制混凝土墙构件蒸养

【知识目标】

1. 掌握构件蒸养与脱模工艺流程。

2. 掌握构件养护施工要点。

3. 掌握拆模、起吊要点。

【能力目标】

1. 按照施工工艺要求完成混凝土养护工作。

2. 能够运用所学知识检查混凝土构件的质量。

【价值目标】

1. 培养学生吃苦耐劳的意识。

2. 培养学生质量至上的意识。

2.6.1　工作准备

自然养护可以降低预制构件的生产成本。当预制构件生产有足够的工期或环境温度能确保次日预制构件脱模强度满足要求时,应优先选用自然养护的方式进行预制构件的养护。自然养护在需要养护的预制构件上盖上不透气的塑料或尼龙薄膜,处理好周边封口,必要时在上面加盖较厚的帆布或其他保温材料,以减少热量散失,让预制构件保持覆盖状态,中途应定时观察薄膜内的湿度,必要时应适当淋水,直至预制构件强度达到脱模强度后才可撤去预制构件上的覆盖物,结束自然养护。

养护窑蒸汽养护适用于流水线工艺。预制构件入窑前,应先检查窑内温度,窑内温度与预制构件温度之差不宜超过15℃且不高于预制构件蒸汽养护允许的最高温度。一般最高温度不应超过70℃,夹心保温板最高养护温度不宜超过60℃,梁、柱等较厚的预制构件最高养护温度宜控制在40℃以内。将需要养护的预制构件连同模台一起送入养护窑内,在自动控制系统上设置好养护的各项参数。养护的最高温度应根据预制构件类型和季节等因素设定。一般冬季养护温度可设置得高一些,夏季可设置得低一些,甚至可以不蒸养,自动控制系统应由专人操作和监控。蒸汽养护的流程为:预养护—升温—恒温—降温,根据设置的参数进行预养护。预养护结束后系统自动进入蒸汽养护程序,向窑内通入蒸汽并按预设参数进行自动调控。当意外事故导致失控时,系统将暂停蒸汽养护程序并发出警报,请求人工干预。当养护主程序完成且环境温度与窑内温度差值小于25℃时,蒸汽养护结束。预制构件脱模前,应再次检查养护效果,通过同条件试块抗压强度试验并结合预制构件表面状态的观察,确认预制构件是否达到脱模所需的强度。

检查用于预制混凝土墙构件蒸养用的机具型号、名称与数量,材料的名称与数量等,均应符合生产和相关标准的要求,并填写机具、材料选用准备情况表(表2-16)。

表 2-16 机具、材料选用准备情况表

序号	机具型号、名称	数量	序号	材料名称	数量
1			1		
2			2		
3			3		
4			4		
5			5		
6			6		

2.6.2 任务方案

1. 熟悉任务

预制构件的混凝土养护是保证预制构件质量的重要环节,应根据预制构件的各项参数要求及生产条件采用自然养护和养护窑蒸汽养护。

2. 任务分组

预制混凝土墙构件蒸养工作中,根据岗位角色与任务分工完成学生任务分配表(表 2-17),并填写安全与施工技术交底内容。

表 2-17 学生任务分配表

组号		组长		指导教师	
	姓名		岗位角色与任务分工		
组员					
安全与施工技术交底内容					

2.6.3　任务实施

预制构件蒸汽养护后,蒸养罩内外温差小于 20℃时才可进行拆模作业。构件拆模应严格按照顺序拆除模具,不得使用振动方式拆模。构件拆模时,应仔细检查确认构件与模具之间的连接部分完全拆除后才可起吊;预制构件拆模起吊时,应根据设计要求或具体生产条件确定所需的混凝土标准立方体抗压强度。

脱模时先用扳手把侧模的坚固螺栓拆下,再把固定磁盒磁性开关打开然后拆下,确保都拆卸完成后将边模平行向外移出,以防止边模在拆卸中变形。应使用专用工具卸磁盒,严禁使用重物敲打拆除磁盒。用吊车(或专用吊具)将窗模以及门模吊起,放到指定位置的垫木上。吊模具时,挂好吊钩后,所有作业人员应远离模具,听从指挥人员的指挥。拆卸下来的所有工装、螺栓、各种零件等必须放到指定位置,禁止乱放,以免丢失。将拆下的侧模由两人抬起轻放到底模边上的指定位置,用木方垫好,确保侧模摆放稳固,侧模拆卸后应轻拿轻放到指定位置。模具拆卸完毕后,将底模周围打扫干净,如遇特殊情况(如窗口模具无法脱模等),应及时向施工人员汇报,禁止私自强行拆卸。构件起吊应平稳,楼、墙板宜先采用模台翻转方式起吊,模台翻转角度不应小于 75°,然后采用多点起吊方式脱模。复杂构件应采用专门的吊架进行起吊。

预制构件脱模后,一方面要检查构件表面的质量;另一方面要对模具进行清理,为下一个循环做好准备。模具的洁净程度对构件的质量有直接的影响,如果不能采用合理的清洁方式,不仅会影响构件的质量,还会影响作业现场的环境。

2.6.4　成果检验

预制构件完全脱模后,用目测、尺量的方式检查构件表面问题,如外观质量、预埋件、外露钢筋、水洗面、注浆孔等。构件脱模时,发现存在不影响结构性能、钢筋、预埋件或者连接件锚固的局部破损和构件表面的非受力裂缝时,可用修补浆料进行表面修补后使用。构件脱模后,构件外装饰材料出现破损也要进行修补(表 2-18)。

表 2-18　构件外观质量缺陷检查

名称	现　　象	严重缺陷记录	一般缺陷记录
露筋	构件内钢筋未被混凝土包裹而外露		
蜂窝	混凝土表面缺少水泥砂浆而形成石子外露		
孔洞	混凝土中孔穴深度和长度均超过保护层厚度		

续表

名称	现　　　象	严重缺陷记录	一般缺陷记录
夹渣	混凝土中混有杂物且深度超过保护层厚度		
疏松	混凝土中局部不密实		
裂缝	缝隙从混凝土表面延伸至混凝土内部		
连接部位缺陷	构件连接处混凝土缺陷及连接钢筋、连接件松动，插筋严重锈蚀、弯曲，灌浆套筒堵塞、偏位，灌浆孔洞堵塞、偏位、破损等		
外形缺陷	缺棱掉角、棱角不直、翘曲不平、飞出凸肋等，装饰面砖黏结不牢、表面不平、砖缝不顺直等		
外表缺陷	构件表面麻面、掉皮、起砂、玷污等		

任务小结

项目拓展练习

1. 知识链接

微课：预制混凝土剪力墙

微课："1＋X"证书介绍

微课：预制构件混凝土浇筑

2. 方案编制

结合本项目的学习，编制一份预制混凝土墙生产制作方案。

3. 项目练习题

（1）预制混凝土墙模具组装工艺流程有哪些？

_____

_____

_____

_____

_____

_____

_____

_____

_____

_____

_____

（2）预制混凝土墙钢筋绑扎工艺流程是什么？

_____

_____

_____

_____

_____

_____

_____

_____

_____

_____

_____

_____

项目 3　预制混凝土叠合板生产

知识目标

1. 识读装配式预制构件混凝土叠合板制作施工图。
2. 熟悉使用工具及设备。
3. 熟悉装配式预制混凝土叠合板施工工序与制作要点。
4. 了解预制混凝土叠合板质量验收要点。

能力目标

1. 掌握预制混凝土叠合板模具拼装、钢筋骨架制作与安装、预埋件安装、混凝土浇筑要点。
2. 掌握预制混凝土叠合板构件蒸养工序操作要点。
3. 掌握预制混凝土叠合板质量验收要点。

价值目标

1. 培养爱岗敬业的职业素养与严谨的专业精神。
2. 培养工程生产高效优质的质量意识。
3. 具备精益求精的专业精神。

引用规范

1. 《混凝土结构工程施工质量验收规范》(GB 50204—2015)。
2. 《装配式混凝土结构技术规程》(JGJ 1—2014)。
3. 《装配式混凝土构件制作与验收标准》(DB13(J)/T 181—2015)。
4. 《混凝土强度检验评定标准》(GB/T 50107—2010)。
5. 《混凝土质量控制标准》(GB 50164—2011)。

项目情境

　　某住宅建设项目建筑结构形式为传统框架剪力墙结构,结构主体东西山墙、部分内部混凝土剪力墙采用预制混凝土剪力墙(外墙不含保温),地上部分为叠合整体装配式结构,建筑结构使用年限为 50 年,抗震设防烈度为 7 度。预制构件生产情况见表 3-1。

表 3-1　预制混凝土叠合板生产清单

楼　号	层数/层	首层层高/m	标准层层高/m	构件名称	代号	数量（单层）/个
1#、2#、3#、4#	2～26	3.92	2.9	预制混凝土叠合板	PCB01	80
4#、5#、6#	2～25	3.92	2.9	预制混凝土叠合板	PCB02	78

任务 3.1　预制混凝土叠合板生产前期准备

【知识目标】

1. 了解图纸准备的内容。

2. 熟悉生产工艺。

3. 熟悉模具计划及组装方案。

4. 熟悉质量控制措施。

【能力目标】

1. 运用规范的专业知识指导施工技术。

2. 设计细化施工流程中的环节。

3. 掌握构件制作要点与生产质量验收规范要点。

【价值目标】

1. 树立安全生产的管理意识。

2. 具备一丝不苟的工作精神。

3. 培养专业负责的主人翁精神。

3.1.1　工作准备

1. 图纸准备

工厂生产设计是装配式建筑开工前的一项关键工作,是装配式建筑设计、生产与施工之间的纽带。预制混凝土叠合板设计图纸应包括以下内容:

(1) 单块叠合板的模板图、配筋图;

(2) 预埋吊件及其连接件构造图;

(3) 保温、密封盒饰面等细部构造图;

(4) 系统构件拼装图;

(5) 全装修、机电设备综合图。

2. 生产工艺

预制混凝土叠合板的工艺流程为:模台清理→模具组装→钢筋及网片安装→预埋件及水电管线等预留预埋→隐蔽工程验收→混凝土浇筑→养护→脱模、起吊→成品验收→入库。

对不同类型的预制混凝土构件,根据预制混凝土构件的类型和特点的不同,可对生产工艺进行调整,但应注意:在上一道工序生产完成并检验合格后,方可进行下一道工序的生产,上一道工序未经检验合格,不得进入下一道工序的生产。

3. 模具计划及组装方案

叠合板模具应满足承载力、刚度和整体稳定性的要求,常采用固定式的钢底模,侧模宜采用型钢或铝合金型材,也可根据具体要求采用其他材料。

预制混凝土叠合板生产中的模具应满足以下几个方面的要求:

(1)应满足预制混凝土构件质量、生产工艺、模具组装与拆卸、周转次数等要求;

(2)应满足预制混凝土构件预留孔洞、插筋、预埋件的安装定位要求;

(3)组装要稳定牢固,组装完成后,应对照设计图纸进行检查验收,确保准确后方可投入生产。

4. 技术质量控制措施

预制混凝土叠合板在生产过程中应严格按照国家规范中的相关要求进行生产。其主要内容包括以下两个方面。

(1)在生产过程中应满足混凝土浇筑、振捣、脱模、翻转、养护、起吊时的强度、刚度和稳定性要求,并便于清理和涂刷隔离剂。

(2)预埋管线、预留孔洞、吊件等,应满足安装和使用功能的要求。

3.1.2 任务方案

1. 任务图纸

叠合楼板是预制和现浇混凝土相结合的一种较好结构形式(图 3-1)。

项目详图及
钢筋料单

预制预应力薄板(厚 5~8mm)与上部现浇混凝土层结合成为一个整体,共同工作。

薄板的预应力主筋即是叠合楼板的主筋,上部混凝土现浇层仅配置负弯矩钢筋和构造钢筋。预应力薄板用作现浇混凝土层的底模,不必为现浇层支撑模板。薄板底面光滑平整,板缝经处理后,顶棚可以不再抹灰。这种叠合楼板具有现浇楼板的整体性好、刚度大、抗裂性好、不增加钢筋消耗、节约模板等优点。

由于现浇楼板不需支模,还有大块预制混凝土隔墙板可在结构施工阶段同时吊装,从而可提前插入装修工程,缩短整个工程的工期。

叠合楼板跨度在 8m 以内,能广泛用于旅馆、办公楼、学校、住宅、医院、仓库、停车场、多层工业厂房等各种房屋建筑工程。

本任务需完成某双向叠合板生产的前期准备。

2. 钢筋配料

为了保证预制楼梯钢筋下料的准确度,根据叠合板配筋图完成钢筋配料表(表 3-2)。

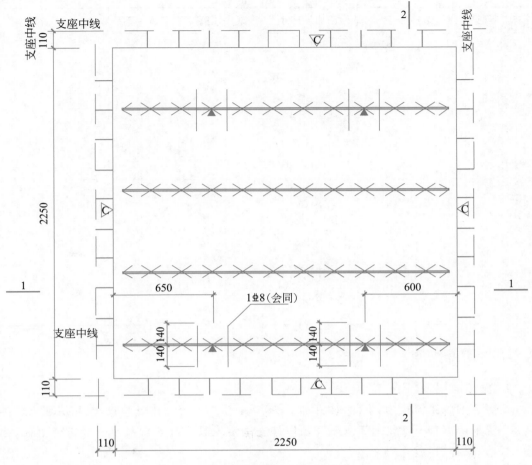

图 3-1 叠合楼板配筋示意图

表 3-2 钢筋配料表

钢筋类型		钢筋编号	钢筋加工尺寸	钢筋下料长度	钢筋数量	备注
板	受力主筋	1				
		2				

续表

钢筋类型	钢筋编号	钢筋加工尺寸	钢筋下料长度	钢筋数量	备注
板 桁架筋	3				
吊点附加筋	4				

3.1.3 任务实施

1. 施工流程

叠合板的施工流程为：识图（构件加工图）→钢筋加工与制作→验收、模具清理→模具组装→涂刷隔离剂→安装钢筋骨架及预埋件→固定模具→浇筑混凝土→养护→拆模、起吊→检查、修补、存放。

2. 施工要点

（1）识图。熟悉施工图纸，了解预制构件钢筋、模板的尺寸和形式及商品混凝土浇筑工程量及基本浇筑方式。

（2）钢筋加工与制作。根据配料表，加工切断钢筋，完成钢筋的弯曲成型。

（3）验收、模具清理。将模具清理干净后恢复模具本色。进场验收合格后，方可使用。

（4）涂刷隔离剂。模具混凝土接触面涂刷隔离剂。

（5）安装钢筋骨架及埋件。钢筋骨架在模具外绑扎，绑扎完成后吊入梁模中，安装梁相关预埋件。

（6）固定模具。检查连接，固定牢固，拼缝紧密，不得漏浆、漏水。

（7）浇筑混凝土。使用桁吊吊起混凝土斗车浇筑混凝土。

（8）养护。自然养护或蒸汽养护。

（9）拆模、起吊。构件强度达到 15MPa 并达到设计强度的 75% 时将梁模两侧模具分开，使用桁吊将构件从模具内吊出。

（10）检查、修补、存放。脱模后检查构件质量，对有缺陷的构件进行修补，将合格的成品按堆码表顺序进行堆放。

3.1.4 成果检验

检查用于预制叠合板生产的机具型号、名称与数量、材料的名称与数量等，均应符合生产和相关标准的要求，并填写机具、材料选用准备情况表（表3-3）。

表3-3 机具、材料选用准备情况表

序号	机具型号、名称	数量	检查确认	序号	材料名称	数量	检查确认
1				1			
2				2			
3				3			
4				4			
5				5			
6				6			

任务小结

任务 3.2　预制混凝土叠合板模具拼装

【知识目标】

1. 了解模具设计的要求。

2. 了解模具制作的内容。

3. 熟悉叠合板的模具。

4. 熟悉模具拼装工艺流程。

【能力目标】

1. 能够识读图纸(模板图)并进行模具领取。

2. 能够按照规范要求进行梁模具组装。

3. 能够进行模具选型检验、固定检验和摆放尺寸检验。

【价值目标】

1. 培养良好的职业道德素养能力。

2. 培养施工安全意识。

3. 培养学生的有序组织管理能力。

3.2.1　工作准备

1. 模具设计要求

预制混凝土构件质量的好坏与模具设计息息相关,为保证成品质量,首先要保证模具的设计能够满足预制混凝土构件的设计要求。

模具的设计内容应满足以下几个方面的要求。

(1) 形状与尺寸准确,模具尺寸允许误差应满足《装配式混凝土结构技术规程》(JGJ 1—2014)、地方标准规范、特殊构件要求及工程特殊精度的要求。

(2) 考虑到模具在混凝土浇筑振捣过程中会有一定程度的胀模现象,因此模具尺寸一般比构件尺寸小 1～2mm。

(3) 模具有足够的承载力、刚度和稳定性,能承受生产过程中的外力。

(4) 设计出模具各片的连接方式、边模与固定平台的连接方式等。具有连接可靠、整体性好、不漏浆的特点。

(5) 模具构造简单、支拆方便,便于组装调整、成型、脱模和拆卸。

(6) 便于清理模具、涂刷隔离剂;钢筋、预埋件安置方便,混凝土入模方便。

2. 模具制作内容

为保证模具的制作质量,模具设计内容包括以下几项内容。

(1) 根据构件类型和设计要求,确定模具类型与材质。

(2) 确定模具分缝位置和连接方式。

(3) 进行脱模便利性设计。

(4) 设计必须考虑生产构件的方便性及整体的美观和实用性。

（5）设计计算模具强度与刚度，确定模具厚度、肋的位置。

（6）模具设计优先考虑零件、部件的通用性和互换性。

（7）预埋件、套筒、孔眼内模等定位构造设计，保证振捣混凝土时不位移。

（8）对出筋模具的出筋方式和避免漏浆方式进行设计。

（9）外表面反打装饰层模具要考虑装饰层下铺设保护隔垫材料的厚度尺寸。

（10）钢结构模具焊缝有定量要求，既要避免焊缝不足导致强度不够，又要避免焊缝过多导致变形。

（11）钢结构模具边模加强板宜采用与面板同样材质的钢板，厚为8～10mm，宽为80～100mm，设置间距应当小于400mm，与面板通过焊接连接在一起。

3. 叠合板模具

叠合板可分为单向板和双向板。单向板两侧边出筋；双向板两边端模和两边侧模都出筋。叠合板生产以模台为底模，钢筋网片通过侧模或端模的孔位出筋。

4. 模具拼装工艺流程

模具组装主要包括四个作业分项，按照施工顺序依次为：模具清理→组装模具→涂刷隔离剂→模具固定。

5. 安全操作注意事项

使用工具开工之前必须认真检查一遍，确认完好方可使用。因模件均已喷洒脱模油，搬运时需戴上防护手套，以防物件滑手伤人。

装模时，应由2人以上进行装模，且手不能放在模具的散件与散件间的夹缝中，以免夹伤；2人以上拆装模具时，必须统一指挥、统一步调、相互配合、协同作业。牢记手不能放在模具的散件与散件夹缝中。用手搬运或翻转散件时，手必须放在指定手柄或其他安全位置上，轻的1人搬运；重的需要2人搬运或者机械搬运。有吊环的大型模件至少需3人操作，其中1人操作起重机吊起，1人负责扶稳，另1人收紧螺栓。

6. 机具、材料准备

检查用于预制叠合板模具拼装的机具型号、名称与数量、材料的名称与数量等，均应符合生产和相关标准的要求，并填写机具、材料选用准备情况表（表3-4）。

表3-4　机具、材料选用准备情况表

序号	机具型号、名称	数量	序号	材料名称	数量
1			1		
2			2		
3			3		
4			4		
5			5		
6			6		
7			7		

3.2.2 任务方案

1. 熟悉任务

（1）叠合板模具分类摆放，整理组装配件，准备隔离剂与羊毛刷。

（2）模具拼装应按照先内模再外模最后边模、先下后上顺序进行，对于特殊部位，要求钢筋、预埋件先入模后组装（图 3-2）。模具拼装应注意检查模具连接是否牢固，拼缝是否整齐、密合（图 3-3）。

（3）模具安装完成后，应检查是否符合图纸尺寸要求。

（4）拼装模具时，应注意查看模具是否变形（模具的精度影响构件的整体尺寸）；若模具变形，应进行维修处理，若模具变形十分严重时则应做报废处理。

图 3-2　模具准备　　　　　　　　　　　　图 3-3　固定模具

2. 任务分组

预制混凝土叠合板模具拼装工作中，根据岗位角色与任务分工完成学生任务分配表（表 3-5），并填写安全与施工技术交底内容。

表 3-5　学生任务分配表

组号		组长		指导教师	
组员	姓名		岗位角色与任务分工		
安全与施工技术交底内容					

3.2.3　任务实施

1. 模具清理

（1）上岗前穿戴好工作服、工作鞋、工作手套和安全帽。

（2）先用刮板将模具表面残留的混凝土和其他杂物清理干净,然后用角磨机将模板表面打磨干净。

（3）内、外叶墙侧模基准面的上、下边沿必须清理干净。

（4）所有模具工装全部清理干净,无残留混凝土。

（5）所有模具的油漆区部分要清理干净,并经常涂油保养。

（6）混凝土残渣要及时收集到垃圾桶内。

（7）工具使用后清理干净,整齐放入指定工具箱内。

（8）及时清扫作业区域,垃圾放入垃圾桶内。

（9）模板清理完成后必须整齐、规范地堆放到固定位置。

模台和模具清理如图 3-4 和图 3-5 所示。

图 3-4　模台清理　　　　　　　　　　图 3-5　模具清理

2. 组装模具

（1）组装模具前检查模具清理是否到位,如发现模具清理不干净,不允许组模。

（2）仔细检查模具是否有损坏、缺件现象,损坏、缺件的模具应及时修理或者更换。

（3）侧模对号拼装,不许漏放螺栓和各种零件。组模前应仔细检查单面胶条,及时更换损坏的胶条,单面胶条应平直、无间断、无褶皱。

（4）各部位螺栓拧紧,模具拼接部位不得有间隙。

（5）安装磁盒用橡胶锤,严禁使用铁锤或其他重物打击。

（6）作业完成后及时整理归类现场工具和材料,现场区域保持干净。

3. 涂刷脱模剂

（1）涂刷脱模剂前保证底模干净,无浮灰。

（2）宜采用水性脱模剂,用干净抹布蘸取脱模剂,拧至不自然下滴为宜,均匀涂抹在底模以及窗模和门模上,应保证无漏涂。

（3）抹布或海绵及时清洗,清洗后放到指定位置,保证脱模剂干净无污染。

（4）涂刷脱模剂后,底模表面不允许有明显痕迹。

（5）工具使用后清理干净，整齐放入指定工具箱内。

（6）及时清扫作业区域，垃圾放入垃圾桶内。

涂刷脱模剂作业如图 3-6 所示。

图 3-6　涂刷脱模剂

4. 模具固定

叠合板模具固定操作要点：模具（含门、窗洞口模具）、钢筋骨架对照画线位置微调整，控制模具组装尺寸。模具与底模紧固，下边模和底模用紧固螺栓连接固定，上边模靠花篮螺栓连接固定，左、右侧模和窗口模具采用磁盒固定（图 3-7）。

图 3-7　叠合板模具固定

3.2.4　成果检验

依据模具组装完成后尺寸允许偏差的标准，按照检验方法实测记录预制构件模具尺寸的偏差值，填写表 3-6。

表 3-6　预制构件模具尺寸的允许偏差和检验方法

项次	检验项目	允许偏差/mm	检 验 方 法	实测记录值
1	长度	±2	用钢尺量平行构件高度方向，取其中偏差绝对值较大处	
2	宽度	2，−3		

续表

项次	检验项目	允许偏差/mm	检 验 方 法	实测记录值
3	对角线差	3	用钢尺量纵、横两个方向对角线	
4	组装缝隙	1	用塞片或塞尺量	
5	模板高低差	1	用钢尺量	

任务小结

任务 3.3　预制混凝土叠合板钢筋骨架制作与安装

【任务目标】

1. 掌握图纸（配筋图、配筋表）的识读内容。

2. 熟悉钢筋制作与绑扎工艺流程。

3. 掌握钢筋制作与绑扎操作要点。

【能力目标】

1. 能够识读图纸并进行钢筋下料。

2. 能够依据图纸选出正确的钢筋进行摆放并正确进行绑扎及固定。

3. 能够进行钢筋绑扎质量验收。

【价值目标】

1. 培养执行标准规范的意识。

2. 培养安全操作、文明施工的良好习惯。

3. 培养严谨的安全工作意识，精益求精的工作态度。

3.3.1　工作准备

1. 预制混凝土板配筋布置要求

1）受力钢筋

（1）板中受力钢筋的常用直径：板厚 $h<100$mm 时为 6~8mm；$h=100\sim150$mm 时为 8~12mm；$h>150$mm 时为 12~16mm。

（2）板中受力钢筋的间距，一般不小于 70mm，当板厚 $h\leqslant150$mm 时间距不宜大于 200mm；当 $h>150$mm 时间距不宜大于 $1.5h$ 或 250mm。板中受力钢筋一般距墙边或梁边 50mm 开始配置。

（3）单向板和双向板可采用分离式配筋或弯起式配筋。分离式配筋因施工方便，已成为工程中主要采用的配筋方式。

当多跨单向板、多跨双向板采用分离式配筋时，跨中下部钢筋宜全部伸入支座，支座负筋向跨内的延伸长度应覆盖负弯矩图并满足钢筋锚固的要求。

（4）简支板或连续板跨中下部纵向钢筋伸至支座的中心线且锚固长度不应小于 $5d$（d 为下部钢筋直径）。当连续板内温度收缩应力较大时，伸入支座的锚固长度宜适当增加。对于边梁整浇的板，支座负弯矩钢筋的锚固长度应为 l_a。

（5）在双向板的纵横两个方向上均需配置受力钢筋。承受弯矩较大方向的受力钢筋，布置在受力较小钢筋的外层。

2）分布筋

分布筋作用是将板面荷载能均匀地传递给受力钢筋；抵抗温度变化和混凝土收缩在垂直于板跨方向所产生的拉应力；同时还与受力钢筋绑扎在一起组合成骨架，防止受力钢筋在混凝土浇捣时产生位移。

（1）单向板中单位长度上分布钢筋的截面面积不宜小于单位宽度上受力钢筋截面面积的 15％，且不宜小于该方向板截面面积的 0.15％；分布钢筋的间距不宜大于 250mm，直径不宜小于 6mm。

对集中荷载较大的情况，分布钢筋的截面面积应适当增加，其间距不宜大于 200mm。

（2）在温度、收缩应力较大的现浇板区域内，钢筋间距宜为 150～200mm，并应在板的配筋表面布置温度收缩钢筋。板的上、下表面沿纵、横两个方向的配筋率均不宜小于 0.1％。

温度收缩钢筋可利用原有钢筋贯通布置，也可另行设置构造钢筋，并与原有钢筋按受拉钢筋的要求搭接或在周边构件中锚固。

3）构造钢筋

为了避免板受力后，在支座上部出现裂缝，通常是在这些部件上部配置受拉钢筋，这种钢筋称为负筋。

（1）对与支承结构整体浇筑或嵌固在承重砌体墙内的现浇混凝土板，应沿支承周边配置上部构造钢筋，其直径不宜小于 8mm，间距不宜大于 200mm，并应符合下列规定。

① 截面面积：沿受力方向配置时不宜小于跨中受力钢筋截面面积的 1/3，沿非受力方向配置时可根据实践经验适当减少。

② 伸入板内长度：对嵌固在承重砌体墙内的板，不宜小于板短边跨度的 1/7，在两边嵌固于墙内的板角部分，不宜小于板短边跨度的 1/4（双向配置）；对周边与混凝土梁或墙整体浇筑的板，不宜小于受力方向板计算跨度的 1/5（单向板）、1/4（双向板）。

（2）当现浇板的受力钢筋与梁平行时，应沿梁长度方向配置间距不大于 200mm 且与梁垂直的上部构造钢筋，其直径不宜小于 8mm，且单位长度内的总截面面积不宜小于板中单位长度内受力钢筋截面面积的 1/3。该构造钢筋伸入板内的长度不宜小于板计算跨度的 1/4。

2. 机具、材料准备

检查用于预制混凝土叠合板生产的机具型号、名称与数量、材料的名称与数量等，均应符合生产和相关标准的要求，并填写机具、材料选用准备情况表（表 3-7）。

表 3-7 机具、材料选用准备情况表

序号	机具型号、名称	数量	序号	材料名称	数量
1			1		
2			2		
3			3		
4			4		
5			5		
6			6		
7			7		

3.3.2 任务方案

1. 熟悉任务

熟悉图 3-8 和图 3-9 中的钢筋布置图。

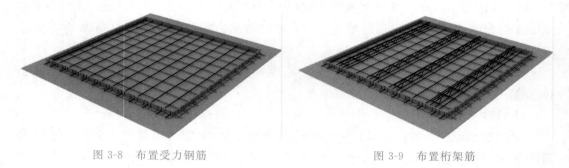

图 3-8 布置受力钢筋   图 3-9 布置桁架筋

2. 任务分组

预制混凝土叠合板钢筋骨架制作与安装工作中,根据岗位角色与任务分工完成学生任务分配表(表 3-8),并填写安全与施工技术交底内容。

表 3-8 学生任务分配表

组号		组长		指导教师	
组员	姓名		岗位角色与任务分工		
安全与施工技术交底内容					

3.3.3 任务实施

1. 施工流程

施工流程为:清理模板→模板上弹线→绑扎板下受力钢筋→绑扎板上负弯矩钢筋。

2. 施工前准备

清理模板上的杂物,按间距在模板上逐根弹好钢筋位置线。按画好的间距先摆主受力筋,与设备、电气工种做好配合工作,预留孔洞并及时安装。

3. 绑扎板筋

绑扎板筋时采用顺扣或八字扣,该板为双向、双层钢筋,两层之间须加钢筋马凳,以确保上部钢筋的位置,马凳呈梅花形布置,所有钢筋每个相交点均要绑扎。

桁架叠合板在钢筋入模后,应采用专用工具进行固定,防止钢筋移位。吊点位置的加强筋应采用通长钢筋并满绑,保证设计要求。

4. 钢筋位置

预制混凝土板一般下部钢筋短跨在下、长跨在上,上部钢筋短跨在上、长跨在下。接头位置上部钢筋在跨中 1/3 处,也可以搭接;下部钢筋在下支座 1/3 处,下部钢筋也可以锚固入梁内,且锚固长度、焊接接头位置要保证 50% 的截面比例。下部钢筋短跨在下,长跨在上。如果搭接比例为 100%,则搭接长度为 $1.4d$。

从设计角度来讲,当楼板厚度大于 150mm 时,一般建议采用上下双层配筋。因为在楼板厚度大的情况下,通常在设计时要考虑上部跨中负弯矩的作用,虽然理论上没有跨中负弯矩,但是考虑现场的施工实际情况(支模、施工时人为因素等),上部也要配置钢筋。布置双向钢筋时,短跨是计算跨度,也就是主受力方向(当然也要取决于板的长宽比,当长宽比接近于 1∶1 的时候,双向配筋是差不多的),因此主受力筋应当配置在外侧。

5. 板上开洞

(1)圆洞或方洞垂直于板跨方向的边长小于 300mm 时,可将板的受力钢筋绕过洞口,不必加固。

(2)当 $300 \leqslant D \leqslant 1000$mm 时,应沿洞边每侧配置加强钢筋,其面积不小于洞口宽度内被切断的受力钢筋截面面积的 1/2,且不小于两根直径 10mm 的二级钢。

(3)当 $D > 300$mm 且孔洞周边有集中荷载时或 $D > 1000$mm 时,应在孔洞边加设边梁。

3.3.4 成果检验

依据钢筋骨架制作与完成后尺寸允许偏差的标准,填写表 3-9 实测记录钢筋成品尺寸的偏差值。

表 3-9 钢筋成品尺寸允许偏差

项次	检 验 项 目		允许偏差/mm	实测记录值
1	绑扎钢筋网片	长度、宽度	±5	
		网眼尺寸	±10	

项次	检 验 项 目		允许偏差/mm	实测记录值
2	焊接钢筋网片	长度、宽度	±5	
		网眼尺寸	±10	
		对角线差	5	
		端头不齐	5	
3	钢筋骨架	长度	0,−5	
		宽度	±5	
		厚度	±5	
		主筋间距	±10	
		主筋排距	±5	
		起弯点位移	15	
		箍筋间距	±10	
		端头不齐	5	
4	受力钢筋	保护层 柱、梁	±5	
		保护层 板、墙	±3	

任务小结

任务 3.4　预制混凝土叠合板预埋件安装

【任务目标】

1. 识读叠合板预埋件安装图。
2. 熟悉预埋件安装工艺流程。
3. 掌握预埋件安装操作要点。

【能力目标】

1. 能够识读图纸并进行预埋件选型(如吊件、套筒及配管等)与下料。
2. 能够依据图纸进行预埋件摆放与固定,并进行预留孔洞临时封堵。
3. 能够进行钢筋与预埋件的选型检验、间距检验和绑扎检验。

【价值目标】

1. 培养诚实守信的工作品质。
2. 树立质量第一的意识。
3. 培养实事求是的工作态度。

3.4.1　工作准备

1. 材料性能

在预制混凝土构件中常用的预埋件有预埋螺栓、预埋内丝、预埋钢板、吊钉、预埋管线及预埋线盒等。

预埋件的使用材料、品种、规格、型号应符合现行国家相关标准的规定和设计要求。预埋件的防腐、防锈应满足现行国家标准《工业建筑防腐蚀设计标准》(GB/T 50046—2018)和《涂覆涂料前钢材表面处理　表面清洁度的目视评定　第1部分:未涂覆过的钢材表面和全面清除原有涂层后的钢材表面的锈蚀等级和处理等级》(GB/T 8923.1—2011)的规定。

预制混凝土构件中预留孔洞内的管线,其材料、品种、规格、型号应符合现行国家相关标准的规定和设计要求。管线的防腐、防锈应满足现行国家标准《工业建筑防腐蚀设计标准》(GB/T 50046—2018)和《涂覆涂料前钢材表面处理　表面清洁度的目视评定　第1部分:未涂覆过的钢材表面和全面清除原有涂层后的钢材表面的锈蚀等级和处理等级》(GB/T 8923.1—2011)的规定。

预制墙板中预留门窗框的品种、规格、性能、型材壁厚、连接方式等应符合现行国家相关标准的规定和设计要求。

2. 材料检验

预埋件应严格按照设计图纸的要求进行制作,对进场的预埋件生产厂家需要提供详细的产品检测报告和产品合格证,并由预制混凝土构件工厂内的质检员对进场预埋件进行抽样检查,合格后方可使用。对于有腐蚀性要求的预埋件要进行镀锌检验,确保预埋件的质量能够符合生产要求。

预埋件的检验应满足以下要求。

（1）检验批的划分。同一厂家、同一类别、同一规格预埋件，不超过 10 000 件的为同一检验批。

（2）检验方法及要求。按批抽取试样进行外观尺寸、材料性能、抗拉拔性能等试验，其检验结果应符合设计要求。

3. 材料存放

（1）预埋件要有专门的存放区，按照预埋件的种类、规格、型号分类存放，并且做好存放标识。

（2）预埋件存放场地的环境要防水、通风、干燥。

4. 机具、材料准备

检查用于预制叠合板预埋件安装的机具型号、名称与数量、材料的名称与数量等，均应符合生产和相关标准的要求，并填写机具、材料选用准备情况表（表 3-10）。

表 3-10　机具、材料选用准备情况表

序号	机具型号、名称	数量	序号	材料名称	数量
1			1		
2			2		
3			3		
4			4		
5			5		
6			6		

3.4.2　任务方案

1. 熟悉任务

熟悉图 3-10 所示的线盒预埋布置图。

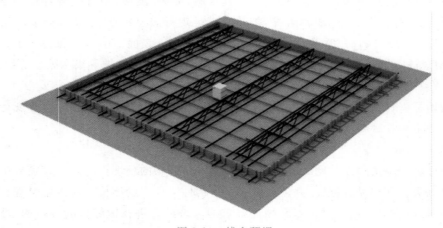

图 3-10　线盒预埋

2. 任务分组

预制混凝土叠合板预埋件安装工作中,根据岗位角色与任务分工完成学生任务分配表
(表 3-11),并填写安全与施工技术交底内容。

表 3-11　学生任务分配表

组号		组长		指导教师	
	姓名		岗位角色与任务分工		
组员					
安全与施工技术交底内容					

3.4.3　任务实施

部分预埋件安装应按以下要求进行。

(1)根据生产需要,提前预备所需的预埋件,避免因备料不及时影响生产线进度。

(2)安装预埋件之前对所有工具和预埋件固定器进行检查,如有损坏、变形现象,禁止
使用。

(3)安装预埋件时,禁止直接踩踏钢筋笼,个别部位可以搭跳板,以免工作人员被钢筋
扎伤或使钢筋笼产生凹陷。

(4)在预埋件固定器上均匀涂刷隔离剂后,按图纸要求固定在模具底模上,确保预埋
件与底模垂直、连接牢固。

(5)跟踪浇筑完成的构件,可拆除的预埋件(小磁吸等)必须及时拆除。

(6)工具使用后清理干净,整齐放入指定工具箱内。

(7)及时清扫作业区域,垃圾放入垃圾桶内。

3.4.4 成果检验

预埋件加工及安装固定允许偏差应满足规范的规定,按照检验方法实测记录预埋件质量要求和允许偏差值,填写表 3-12。

表 3-12 预埋件质量要求和允许偏差

项　目		允许偏差/mm	检验方法	实测记录值
预埋件（插筋、螺栓、吊具等）	锚板中心线位置	5	钢尺检查	
	螺母中心线位置	2	钢尺检查	
	螺栓外露长度	+10,-5	钢尺检查	
	插筋中心线位置	3	钢尺检查	
	插筋外露长度	±5	钢尺检查	

任务小结

任务 3.5　预制混凝土叠合板混凝土浇筑

【任务目标】

1. 熟悉混凝土搅拌、振捣的基本要求。

2. 熟悉混凝土浇筑工艺流程。

3. 掌握混凝土浇筑操作要点。

【能力目标】

1. 能够识读图纸并计算混凝土用量。

2. 能够振捣混凝土。

3. 能够进行混凝土坍落度试验。

4. 能够按照施工工艺要求完成混凝土浇筑后的拉毛、收光。

【价值目标】

1. 培养吃苦能干的工作品质。

2. 培养质量至上的意识。

3. 培养工完场清的工作习惯。

3.5.1　工作准备

1. 材料与主要机具

（1）水泥。水泥进场时必须有出厂合格证和试验报告单，并对其品种、级别、包装或散装仓号、出厂日期等进行检查，对其强度、安定性及其他必要的性能指标进行复验，其质量必须符合现行国家标准《通用硅酸盐水泥》（GB 175—2007）的规定，当对水泥质量有疑问或水泥出厂超过 3 个月（快硬硅酸盐水泥超过 1 个月）时，应复查试验，并按试验结果使用。钢筋混凝土结构、预应力混凝土结构中严禁使用含氯化物的水泥。

（2）砂。混凝土用砂一般以中、粗砂为宜。砂有害杂质最大含量必须低于国家标准规定，砂中的有害杂质会直接影响混凝土的质量，如云母、黑云母、淤泥和黏土、硫化物和硫酸盐、有机物等。有害杂质会对混凝土的强度、抗冻性、抗渗性等方面产生不良影响或腐蚀钢筋，影响结构的耐久性。

（3）石子。混凝土中所用石子应尽可能选用碎石，碎石由人工破碎，表面粗糙，空隙率和总表面积较大，故所需的水泥浆较多，与水泥浆的黏结力强，因此碎石混凝土强度较高。

（4）主要机具。混凝土搅拌机按其搅拌原理分为自落式和强制式两类。自落式搅拌机适用于搅拌流动性较大的混凝土（坍落度不小于 30mm）；强制式搅拌机与自落式搅拌机相比，搅拌作用强烈，搅拌时间短，适用于搅拌低流动性混凝土、干硬性混凝土和轻骨料混凝土。

2. 作业条件

（1）试验室已下达混凝土配合比通知单，严格按照配合比进行生产任务，如有原材料变化,以试验室的配合比变更通知单为准,严禁私自更改配合比。

(2) 所有的原材料要经检查,应全部符合配合比通知单所提出的要求。

(3) 搅拌机及其配套的设备应运转灵活、安全可靠。电源及配电系统应符合要求、安全可靠。

(4) 所有计量器具必须有检定的有效期标识。计量器具灵敏可靠,并按施工配合比设专人定磅。

(5) 新下达的混凝土配合比,应进行开盘鉴定。

3. 混凝土制作要求

水泥宜采用不低于 42.5 级硅酸盐水泥或普通硅酸盐水泥,砂宜选用细度模数为 2.3～3.0 的中粗砂,石子宜选用粒径为 5～25mm 碎石,砂、石的质量应符合《普通混凝土用砂、石质量及检验方法标准》(JGJ 52—2006)的规定,不得使用海砂;预制混凝土墙板混凝土强度等级不宜低于 C30。

4. 混凝土搅拌要求

1) 准备工作

每台班开始前,对搅拌机及上料设备进行检查并试运转;对所用计量器具进行检查并定磅;校对施工配合比;对所用原材料的规格、品种、产地、牌号及质量进行检查,并与施工配合比进行核对;对砂、石的含水率进行检查,如有变化,及时通知试验人员调整用水量。一切检查符合要求后,方可开盘拌制混凝土。

2) 物料计量

(1) 砂、石计量:采用自动上料,需调整好斗门关闭的提前量,以保证计量准确。砂、石计量的允许偏差应不大于±2%。

(2) 水泥计量:搅拌时采用散装水泥时,应每盘精确计量。水泥计量的允许偏差应小于±1%。

(3) 外加剂及混合料计量:使用液态外加剂时,为防止沉淀,要随用随搅拌。外加剂的计量允许偏差应小于±1%。

(4) 水计量:水必须盘盘计量,其允许偏差应不大于±1%。

3) 第一盘混凝土拌制的操作

(1) 每工作班拌制第一盘混凝土时,先加水使搅拌筒空转数分钟,搅拌筒被充分湿润后,将剩余积水倒净。

(2) 搅拌第一盘时,由于砂浆粘筒壁而造成损失,因此,根据试验室提供的砂、石含水率及配合比配料,每班第一盘料须增加水泥 10kg,砂 20kg。

(3) 从第二盘开始,按给定的配合比投料。

搅拌时间控制:混凝土搅拌时间在 60～120s 为佳。冬期施工时搅拌时间应取常温搅拌时间的 1.5 倍。

4) 出料时的外观及时间

出料前,在观察口目测拌合物的外观质量,保证混凝土应搅拌均匀、颜色一致,具有良好的和易性。每盘混凝土拌合物必须出尽,下料时间为 20s。

5. 机具、材料准备

检查用于预制叠合板混凝土浇筑用的机具型号、名称与数量、材料的名称与数量等,均应符合生产和相关标准的要求,并填写机具、材料选用准备情况表(表 3-13)。

表 3-13   机具、材料选用准备情况表

序号	机具型号、名称	数量	序号	材料名称	数量
1			1		
2			2		
3			3		
4			4		
5			5		
6			6		
7			7		

3.5.2   任务方案

1. 熟悉任务

熟悉图 3-11 所示的叠合板混凝土浇筑图。

图 3-11   叠合板混凝土浇筑

2. 任务分组

预制混凝土叠合板混凝土浇筑工作中,根据岗位角色与任务分工完成学生任务分配表(表 3-14),并填写安全与施工技术交底内容。

3.5.3   任务实施

1. 混凝土浇筑前各项工作检查

混凝土浇筑前,应逐项对模具、钢筋、钢筋网、连接套管、连接件、预埋件、吊具、预留孔洞、混凝土保护层厚度等进行检查验收,并做好隐蔽工程记录。混凝土浇筑时,应采用机械振捣成型方式。

表 3-14　学生任务分配表

组号		组长		指导教师	
组员	姓名			岗位角色与任务分工	
安全与施工技术交底内容					

2. 混凝土浇筑

（1）混凝土浇筑时应符合下列要求。

① 混凝土应均匀连续浇筑，投料高度不宜大于 500mm。

② 混凝土浇筑时应保证模具不发生变形或者移位，如有偏差应采取措施及时纠正。

③ 混凝土从出机到浇筑完毕的延续时间：气温高于 25℃时不宜超过 60min；气温低于 25℃时不宜超过 90min。

④ 混凝土应采用机械振捣密实，对边角及灌浆套筒处充分有效振捣；振捣时应该随时观察固定磁盒是否松动移位，并及时采取应急措施；浇筑厚度使用专门的工具测量，严格控制其大小，外叶振捣后应当对边角进行一次抹平，保证结构外叶与保温板间无缝隙。

⑤ 定期、定时对混凝土进行各项工作性能试验（坍落度、和易性等）；按单位工程项目留置试块。

（2）浇筑混凝土应按照混凝土设计配合比经过试配确定最终配合比，生产时严格控制水胶比和坍落度。

浇筑和振捣混凝土时应按操作规程进行，防止漏振和过振，生产时应按照规定制作试块，与构件同条件养护（图 3-12）。

图 3-12　叠合板混凝土浇筑

3.5.4　成果检验

根据混凝土工程质量验收规范,完成混凝土原材料实测记录值的填写(表 3-15)。

表 3-15　混凝土原材料每盘原料的允许偏差

项次	材料名称	允许偏差	实测记录值
1	胶凝材料	±2%	
2	粗、细骨料	±3%	
3	水、外加剂	±1%	

任务小结

任务 3.6 预制混凝土叠合板构件蒸养与脱模

【任务目标】

1. 熟悉构件蒸养与脱模工艺流程。

2. 掌握构件养护施工要点。

3. 掌握拆模、起吊要点。

【能力目标】

1. 能够进行构件养护温度、湿度控制及养护监控。

2. 能够依照拆模顺序进行构件拆模。

3. 能够操作高压水枪对涂刷缓凝剂的表面脱模后进行粗糙面冲洗处理。

【价值目标】

1. 培养自信、心细的专业指导能力。

2. 培养团队协作、合理分工的管理能力。

3. 培养热爱劳动、积极主动的实践学习能力。

3.6.1 工作准备

1. 叠合板构件蒸养要求

(1) 混凝土表面成型压面后先预养护 2h,再通蒸汽养护,冬季应及时覆盖,养护期间注意避免触动混凝土成型面。

(2) 制定养护制度:静停时间不少于 2h,升、降温速度不大于 20℃/h,蒸养最高温度不超过 70℃。

(3) 保证蒸汽养护期间冷凝水不污染构件。

(4) 严格按养护制度进行养护,不得擅自更改。

(5) 规定测温制度:静停和升、降温阶段每 1h 测 1 次,恒温阶段每 2h 测 1 次,出池时应测出池温度,并要做测温记录。

(6) 严禁将蒸汽管直接对着构件。

(7) 试块放置在池内构件旁,对准观察口方便取出的地方,上面覆盖塑料布以防冷凝水。

2. 构件脱模要求

(1) 构件脱模应严格按照顺序拆除模具,不得使用振动方式拆模。

(2) 构件脱模时应仔细检查确认预制构件与模具之间的连接部分,完全拆除后方可起吊。

(3) 构件脱模起吊时,混凝土预制构件的混凝土立方体抗压强度应满足设计要求,且不应小于 15MPa。

(4) 预制构件起吊应平稳,楼板应采用专用多点吊架进行起吊,复杂预制构件应采用专门的吊架进行起吊。

（5）非预应力叠合楼板可以利用桁架钢筋起吊，吊点的位置应根据计算确定。复杂预制构件需要设置临时固定工具，吊点和吊具应进行专门设计。

3. 预制构件脱模检查

预制构件脱模之后外观质量不应有严重缺陷，且不宜有一般缺陷。对于已出现的一般缺陷，应按技术方案进行处理，并重新检验。

4. 机具、材料准备

检查用于预制叠合板构件蒸养用的机具型号、名称与数量、材料的名称与数量等，均应符合生产和相关标准的要求，并填写机具、材料选用准备情况表（表 3-16）。

表 3-16　机具、材料选用准备情况表

序号	机具型号、名称	数量	序号	材料名称	数量
1			1		
2			2		
3			3		
4			4		
5			5		
6			6		

3.6.2　任务方案

1. 熟悉任务

熟悉图 3-13 所示的叠合板蒸养脱模布置图。

图 3-13　叠合板蒸养脱模布置

2. 任务分组

预制混凝土叠合板构件蒸养工作中，根据岗位角色与任务分工完成学生任务分配表（表 3-17），并填写安全与施工技术交底内容。

表 3-17　学生任务分配表

组号		组长		指导教师	
组员	姓名		岗位角色与任务分工		
安全与施工技术交底内容					

3.6.3　任务实施

1. 产前着装准备

（1）进行着装检查、卫生检查和温度检查。

（2）监控蒸养库温度、湿度，若温度或湿度不合理，需要进行调整。蒸养库温度合理范围在 40～60℃，湿度在 95％ 以上。温度重置后，蒸养库温度通过温度模型遵循温度升降变化，在一定时间内达到设定温度。

2. 构件入库蒸养

开启控制电源，操作模台前进，行驶到码垛机上，通过监控界面查看蒸养库空闲库位，进行入库操作。控制码垛机移动到指定位置，并控制系统将模台送入蒸养库。

3. 构件出库

根据蒸养库监控界面，对蒸养符合出库条件的构件进行出库操作（出库条件为构件强度达到目标强度的 75％ 以上）。符合条件的叠合板进行出库操作，将蒸养库内构件运送至码垛机，通过码垛机运送至出料口，并送至起板工序。

预制叠合板出库后，当混凝土表面温度和环境温差较大时，应立即覆盖薄膜养护。

3.6.4　成果检验

根据混凝土工程质量验收记录的严重缺陷与一般缺陷，完成构件外观质量缺陷检查（表 3-18）。

表 3-18　构件外观质量缺陷检查

名称	现　象	严重缺陷	一般缺陷
露筋	构件内钢筋未被混凝土包裹而外露		
蜂窝	混凝土表面缺少水泥砂浆而形成石子外露		
孔洞	混凝土中孔穴深度和长度均超过保护层厚度		
夹渣	混凝土中夹有杂物且深度超过保护层厚度		
疏松	混凝土中局部不密实		
裂缝	缝隙从混凝土表面延伸至混凝土内部		
外形缺陷	缺棱掉角、棱角不直、翘曲不平、飞边凸肋等		
外表缺陷	构件表面麻面、掉皮、起砂、玷污等		

任务小结

项目拓展练习

1. 知识链接

微课:桁架钢筋　　　　　微课:钢材的　　　　　微课:模具组装
混凝土叠合板　　　　　验收与保管

2. 方案编制

结合本项目所学,编制一份预制叠合板生产制作方案。

3. 项目练习题

（1）预制叠合板模具组装工艺流程有哪些？

（2）预制叠合板钢筋绑扎工艺流程是什么？

项目 4 预制混凝土梁生产

知识目标

1. 识读装配式预制构件混凝土梁制作施工图。
2. 熟悉使用工具及设备。
3. 熟悉装配式预制构件混凝土梁施工工序与制作要点。
4. 了解预制混凝土梁质量验收要点。

能力目标

1. 掌握预制混凝土梁模具拼装、钢筋骨架制作与安装、预埋件安装、混凝土浇筑方法。
2. 掌握混凝土梁构件蒸养工序操作要点。
3. 掌握预制混凝土梁质量验收要点。

价值目标

1. 培养爱岗敬业的职业素养与严谨的专业精神。
2. 培养工程生产高效优质的质量意识。
3. 具备精益求精的专业精神。

引用规范

1.《混凝土结构工程施工质量验收规范》(GB 50204—2015)。
2.《装配式混凝土结构技术规程》(JGJ 1—2014)。
3.《装配式混凝土构件制作与验收标准》(DB13(J)/T 181—2015)。
4.《混凝土强度检验评定标准》(GB/T 50107—2010)。
5.《混凝土质量控制标准》(GB 50164—2011)。

项目情境

本次教学选取某某市美丽乡村一期便民超市项目(图 4-1)中的一部分内容:两层预制装配式钢筋混凝土框架结构。其主体设计使用年限为 50 年,总建筑面积为 421.8m²。预制构件生产情况见表 4-1。

图 4-1　装配式混凝土构件现场施工图

表 4-1　预制构件叠合梁生产清单表

楼号	层数	构件名称	代　号	数量
1#	1	预制叠合楼面框架梁	2F-PCL1	18
	2		2F-PCL2	22

任务 4.1　预制混凝土梁生产前期准备

【知识目标】

1. 了解生产计划的内容。

2. 熟悉图纸交底内容。

3. 熟悉工具及设备使用方法。

4. 熟悉构件制作施工工艺流程。

【能力目标】

1. 运用规范的专业知识指导施工技术。

2. 设计细化施工流程中的环节。

3. 掌握构件制作要点与生产质量验收规范要点。

【价值目标】

1. 树立安全生产的管理意识。

2. 具备一丝不苟的工作精神。

3. 培养专业负责的主人翁精神。

4.1.1 工作准备

1. 生产计划与资源

生产过程开始前需编制生产计划,生产计划的编制是否合理将直接影响工厂生产效率和运行成本。

1)项目生产计划

根据订单制订整个项目的物料需求计划和生产作业计划,项目的物料需求计划包括原材料、辅助材料、生产工具、设备配件等所有物资用量。同时要制订每月生产作业计划,安排生产进度,便于组织人力和设备以满足进度要求。

2)月生产计划

月生产计划包括月物料需求计划和生产作业计划。在项目开始实施后,计划部门要根据项目总体要求,分别制订月物料需求计划,包括材料名称、种类、规格型号、单位数量、交货期等内容,并及时跟踪材料的采购进度。同时要制订每天的作业计划,并检查计划的完成情况,以满足交货要求和安装单位的临时要求。

3)资源配置

生产车间(图 4-2)通过一定的方式把有限的资源合理分配到社会的各个生产线中,以实现资源的最佳利用,即用最少的资源耗费,生产出最适用的产品,获取最佳的效益。物资需求是计划部门根据生产计划总体要求,分别制订物资需求计划,包括机具和材料的名称、种类规格、型号、单位、数量、交货日期等内容,并及时跟踪材料的采购进度。

图 4-2　生产车间

2. 技术交底内容

教师可作为本项目专业技术人员向参与施工的人员(学生)进行的技术性交底,在接到图纸后,立即组织有关人员熟悉图纸,同时取得各项技术资料、规范、规程、标准等,尽快组织技术交底。预制构件加工制作前审核预制构件加工图的具体内容包括:预制构件模具图、配筋图、预埋吊件及有关专业预埋图等。加工图需要变更或完善时应及时办理变更文件。

本项目技术交底的主要内容包括以下几个方面:

(1) 原、辅材料采购与验收要求技术交底;

(2) 配合比要求技术交底;

(3) 模具组装与脱模技术方案;

(4) 钢筋骨架制作与入模技术交底;

(5) 预埋件或预留孔内模固定方法技术交底;

(6) 混凝土浇筑技术交底;

(7) 构件蒸养技术交底;

(8) 各种构件吊具使用技术交底;

(9) 各种构件场地存放、运输隔垫技术交底;

(10) 构件修补方法技术交底;

(11) 半成品、成品保护措施技术交底。

3. 技术交底的要点

(1) 技术交底中要明确技术负责人、质量管理人员、车间和工段管理人员、作业人员的责任。

(2) 技术交底应该分层次展开,直至交底到具体的作业人员。

(3) 技术交底必须在作业前进行,应该有书面的技术交底资料,最好有示范、样板等演示资料。

(4) 做好技术交底的记录,作为履行职责的凭据、规范施工行为的准绳,做到有理有据,是完善工程资料的重要保障。

4. 图样会审

预制构件制作图是工厂制作预制构件的依据。所有拆分后的主体结构构件和非结构构件都需要进行制作图设计。对预制构件制作图应认真消化和会审,主要审核内容包括以下几方面:

(1) 构件制作允许误差值;

(2) 构件所在位置标识图;

(3) 构件各面命名图,以方便看图,避免出错;

(4) 构件模具图;

(5) 配筋图。

4.1.2　任务方案

1. 任务图纸

图 4-3 和图 4-4 选自预制构件叠合梁生产清单表(表 4-1)中的 1# 楼层一层的叠合梁,该叠合梁的配筋图见图 4-3 梁 2F-PCL1 俯视配筋图和图 4-4 梁 2F-PCL1 正视配筋图。

2. 钢筋配料

为保证预制叠合梁钢筋下料的准确度,根据楼梯配筋图完成钢筋配料表(表 4-2)的填写。

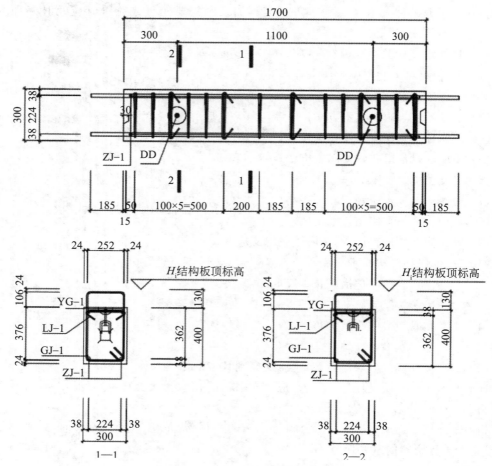

图 4-3　梁 2F-PCL1 俯视配筋图

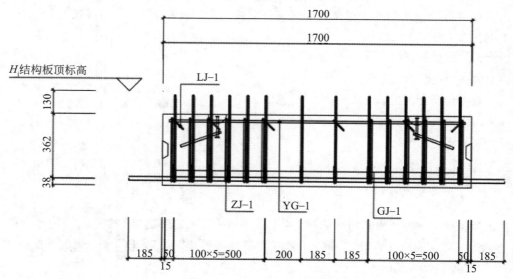

图 4-4　梁 2F-PCL1 正视配筋图

表 4-2　钢筋配料表

构件名称	钢筋编号	钢筋规格	钢筋加工尺寸(设计方交底后方可生产)	单根长度/mm	总长度/mm	总重量/kg

4.1.3　任务实施

1. 施工流程

预制叠合梁施工流程为：识图(构件加工图)→钢筋加工与制作→验收、模具清理→模具组装→涂刷脱模剂→安装钢筋骨架及预埋件→固定模具→浇筑混凝土→养护→拆模、起吊→检查、修补、存放。

2. 施工要点

(1) 识图。熟悉施工图纸，了解预制构件钢筋、模板的尺寸和形式及商品混凝土浇筑工程量及基本浇筑方式。

(2) 钢筋加工与制作。根据配料表，加工切断钢筋，完成钢筋的弯曲成型。

(3) 验收、模具清理。将模具清理干净后恢复模具本色。进场验收合格后，方可使用。

(4) 涂刷脱模剂。模具混凝土接触面涂刷脱模剂。

(5) 安装钢筋骨架及埋件。钢筋骨架在模具外绑扎，绑扎完成后吊入梁模中，安装梁相关预埋件。

(6) 固定模具。检查连接，固定牢固，拼缝紧密，不得漏浆、漏水。

(7) 浇筑混凝土。使用桁吊吊起混凝土斗车浇筑混凝土。

(8) 养护。自然养护或蒸汽养护。

（9）拆模、起吊。构件强度达到 15MPa 并达到设计强度的 75％时将梁模两侧模具分开,使用桁吊将构件从模具内吊出。

（10）检查、修补、存放。脱模后检查构件质量,对有缺陷的构件进行修补,将合格的成品按堆码表顺序进行堆放。

4.1.4 成果检验

检查用于预制叠合梁生产的机具型号、名称与数量、材料的名称与数量等,均应符合生产和相关标准的要求,并填写机具、材料选用准备情况表(表 4-3)。

表 4-3 机具、材料选用准备情况表

序号	机具型号、名称	数量	检查确认	序号	材料名称	数量	检查确认
1				1			
2				2			
3				3			
4				4			
5				5			
6				6			
7				7			
8				8			
9				9			
10				10			

任务小结

任务 4.2　预制混凝土梁模具拼装

【知识目标】

1. 熟悉梁模具图纸尺寸与组装工艺流程。
2. 熟悉模具的清污、除锈、维护保养要求。
3. 掌握模具清理及脱模剂涂刷要求。

【能力目标】

1. 能够识读图纸(模板图)并进行模具领取。
2. 能够按照规范要求进行梁模具组装。
3. 能够进行模具选型检验、固定检验和摆放尺寸检验。

【价值目标】

1. 培养细致观察能力。
2. 培养善于思考的能力。
3. 培养改进工作方法的创新能力。

4.2.1　工作准备

1. 安全操作注意事项

使用工具开工之前必须认真检查一遍,确认完好方可使用。因模件均已喷洒脱模油,搬运时需戴上防护手套,以防物件滑手伤人。

装模时,应由 2 人以上进行装模,且手不能放在模具的散件与散件夹缝中,以免夹伤。2 人以上拆装模具时,必须统一指挥,统一步调,相互配合,协同作业。牢记手不能放在模具的散件与散件夹缝中。用手搬运或翻转散件时,手必须放在指定手柄或其他安全位置上,轻的 1 人搬运;重的需要 2 人搬运或者机械搬运。有吊环的大型模件至少需 3 人操作,其中 1 人操作起重机吊起,1 人负责扶稳,另 1 人收紧螺丝。

2. 机具、材料准备

检查用于预制叠合梁生产的机具型号、名称与数量、材料的名称与数量等,均应符合生产和相关标准的要求,并填写机具、材料选用准备情况表(表 4-4)。

表 4-4　机具、材料选用准备情况表

序号	机具型号、名称	数量	序号	材料名称	数量
1			1		
2			2		
3			3		
4			4		
5			5		
6			6		

4.2.2 任务方案

1. 熟悉任务

（1）梁模具分类摆放，整理组装配件（图4-5～图4-8）。

图4-5 安装梁底模板

图4-6 固定梁底模板

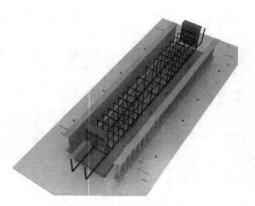

图4-7 组装端模板、侧模板

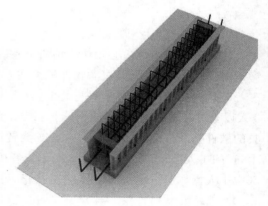

图4-8 固定端模板、侧模板

（2）模具组装应按照先内模再外模最后边模、先下后上顺序进行，对于特殊部位，要求钢筋、预埋件先入模后组装。模具拼装应注意检查模具连接是否牢固，拼缝是否整齐、密合。

（3）模具组装完成后，应检查是否符合图纸尺寸要求。

（4）拼装模具时，应注意查看模具是否变形（模具的精度影响构件的整体尺寸）；若模具变形，应进行维修处理，若模具变形十分严重时则应做报废处理。

2. 任务分组

预制混凝土梁模具拼装工作中，根据岗位角色与任务分工完成学生任务分配表（表4-5），并填写安全与施工技术交底内容。

表 4-5　学生任务分配表

组号		组长		指导教师	
	姓名		岗位角色与任务分工		
组员					
安全与施工技术交底内容					

4.2.3　任务实施

1. 施工流程

预制叠合梁的施工流程为:模具清理→组装模具(核对)→涂刷脱模剂。

2. 施工要点

1) 模具清理

(1) 上岗前穿戴好实训服、工作鞋、工作手套和安全帽。

(2) 用刮板将模具表面残留的混凝土和其他杂物清理干净。

(3) 侧模基准面的上、下边沿必须清理干净。

(4) 所有模具工装全部清理干净,无残留混凝土。

(5) 所有模具的油漆区部分要清理干净,并经常涂油保养。

(6) 混凝土残灰要及时收集到垃圾桶内。

(7) 工具使用后清理干净,整齐放入指定工具箱内。

(8) 及时清扫作业区域,垃圾放入垃圾桶内。

(9) 模板清理完成后必须整齐、规范地堆放到固定位置。

2）组装模具

（1）组装模具前检查模具清理是否到位，如发现模具清理不干净，不允许组模。

（2）仔细检查模具是否有损坏、缺件现象，损坏、缺件的模具应及时修理或者更换。

（3）侧模对号组装，不许漏放螺栓和各种零件。组模前应仔细检查单面胶条，及时更换损坏的胶条，单面胶条应平直，无间断、无褶皱（图4-9）。

（4）拧紧各部位螺栓，模具拼接部位不得有间隙（图4-10）。

（5）模具组装完成后应进行检查，组模长、宽误差为－2～1mm，对角线误差小于3mm，厚度误差小于2mm（图4-11）。

（6）及时清扫作业区域，垃圾放入垃圾桶内。

（7）模板清理完成后必须整齐、规范地堆放到固定位置。

图4-9　模具组装　　　　　　　　　　　图4-10　固定模具

图4-11　模具检查

3）涂刷脱模剂

（1）涂刷脱模剂前保证底模干净，无浮灰。

（2）宜采用水性脱模剂，用干净抹布蘸取脱模剂，拧至不自然下滴为宜，均匀涂抹在底模以及窗模和门模上，应保证无漏涂（图4-12）。

（3）抹布及时清洗，清洗后放到指定位置，保证抹布及脱模剂干净无污染。

（4）涂刷脱模剂后，底模表面不允许有明显痕迹。

（5）工具使用后清理干净，整齐放入指定工具箱内。

（6）及时清扫作业区域，垃圾放入垃圾桶内。

图 4-12　涂刷脱模剂

4.2.4　成果检验

根据模具组装完成后尺寸允许偏差的标准，按照检验方法实测记录预制构件模具尺寸的偏差值，填写表 4-6。

表 4-6　预制构件模具尺寸的允许偏差和检验方法

项次	检验项目	允许偏差/mm	检 验 方 法	实测记录值
1	长度	±2	用钢尺量平行构件高度方向，取其中偏差绝对值较大处	
2	宽度	2，−3		
3	高度	0，−2		
4	对角线差	3	用钢尺量纵、横两个方向对角线	
5	组装缝隙	1	用塞片或塞尺量	
6	端模与侧模高低差	1	用钢尺量	

任务小结

任务 4.3　预制混凝土梁钢筋骨架制作与安装

【任务目标】

1. 掌握图纸（配筋图、配筋表）的阅读内容。

2. 熟悉钢筋制作与绑扎工艺流程。

3. 掌握钢筋制作与绑扎操作要点。

【能力目标】

1. 能够识读图纸并进行钢筋下料。

2. 能够依据图纸进行水平钢筋、竖向钢筋和附加钢筋（如桁架钢筋、拉筋、箍筋等）的摆放并正确进行绑扎及固定。

3. 能够进行钢筋绑扎质量验收。

【价值目标】

1. 培养执行标准的规范意识。

2. 培养安全操作、文明施工的良好习惯。

3. 培养严谨的安全工作意识、精益求精的工作态度。

4.3.1　工作准备

1. 钢筋断料

根据钢筋配料单进行钢筋切断，采用断线钳或者钢筋切断机断料。

2. 钢筋弯曲成型

1）受力钢筋

设计要求钢筋末端需做 135°弯钩时，HRB335 级、HRB400 级钢筋的弯弧内直径 D 不应小于钢筋直径的 4 倍，弯钩的弯后平直部分长度应符合设计要求。钢筋做不大于 90°的弯折时，弯折处的弯弧内直径不应小于钢筋直径的 5 倍。

2）箍筋

除焊接封闭环式箍筋外，箍筋的末端应做弯钩。弯钩形式应符合设计要求。当设计无具体要求时，应符合 16G101 图集规定。

3. 钢筋绑扎

按照图纸要求进行绑扎，采用镀锌扎丝双丝，一面顺口或者十字交叉绑扎法。

4. 机具、材料准备

检查用于预制叠合梁钢筋骨架制作与安装的机具型号、名称与数量、材料的名称与数量等，均应符合生产和相关标准的要求，并填写机具、材料选用准备情况表（表 4-7）。

4.3.2　任务方案

1. 熟悉任务

针对预测叠合梁钢筋骨架制作与安装过程，如图 4-13 和图 4-14 所示。

表 4-7 机具、材料选用准备情况表

序号	机具型号、名称	数量	序号	材料名称	数量
1			1		
2			2		
3			3		
4			4		
5			5		
6			6		

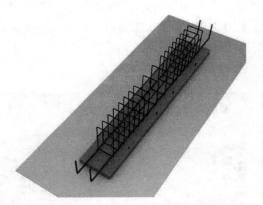

图 4-13 箍筋与梁底钢筋绑扎

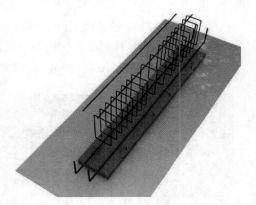

图 4-14 梁上部钢筋摆放

2. 任务分组

预制混凝土梁钢筋骨架制作与安装工作中,根据岗位角色与任务分工完成学生任务分配表(表 4-8),并填写安全与施工技术交底内容。

表 4-8 学生任务分配表

组号		组长		指导教师	
	姓名		岗位角色与任务分工		
组员					
安全与施工技术交底内容					

4.3.3　任务实施

1. 施工流程

预制混凝土梁钢筋骨架制作与安装的施工流程为：熟悉钢筋配料单→钢筋断料→钢筋加工与制作→绑扎→质量验收。

2. 施工要点

（1）工作前穿戴好实训服、工作鞋、工作手套和安全帽。

（2）按照生产计划，确保钢筋的规格、型号、数量正确。

（3）绑扎前对钢筋质量进行检查，确保钢筋表面无锈蚀、污垢。

（4）严格按照图纸进行绑扎，保证外露钢筋的外露尺寸，保证箍筋及主筋间距，保证钢筋保护层厚度，所有尺寸误差不得超过＋5mm，严禁私自改动钢筋笼结构（图4-15～图4-18）。

（5）拉筋绑扎应严格按图施工，拉筋钩在受力主筋上，不准漏放，135°钩靠下，直角钩靠上，待绑扎完成后再手工将直角钩弯下成135°。

（6）钢筋垫块严禁漏放、少放，确保混凝土保护层厚度。

图4-15　钢筋摆放

图4-16　钢筋绑扎

图4-17　钢筋绑扎成品

图4-18　PVC预埋件位置确定

4.3.4　成果检验

预埋件加工及安装固定允许偏差应满足规范的规定，按照检验方法实测记录预埋件质量要求和允许偏差值,填写表 4-9。

表 4-9　钢筋成品尺寸允许偏差

项次	检验项目		允许偏差/mm	检验方法	实测记录值
1	钢筋骨架	长度	0,−5	钢尺检查	
		宽度	±5	钢尺检查	
		厚度	±5	钢尺检查	
		主筋间距	±10	钢尺检查	
		主筋排距	±5	钢尺检查	
		起弯点位移	15	钢尺检查	
		箍筋间距	±10	钢尺检查	
		端头不齐	5	钢尺检查	
2	受力钢筋	保护层	±5	钢尺检查	
3	端头不齐		5	钢尺检查	
4	绑扎钢筋、横向钢筋间距		±10	钢尺量连续三挡,取最大值	
5	箍筋间距		±10	钢尺量连续三挡,取最大值	
6	弯起点位置		±10	钢尺检查	

任务小结

任务 4.4　预制混凝土梁预埋件安装

【任务目标】

1. 识读梁钢筋预埋件安装图。

2. 熟悉预埋件安装工艺流程。

3. 掌握预埋件安装操作要点。

【能力目标】

1. 能够识读图纸并进行预埋件选型（如吊件、套筒及配管等）与下料。

2. 能够依据图纸进行预埋件摆放与固定，并进行预留孔洞临时封堵。

3. 能够进行钢筋与预埋件的选型检验、间距检验和绑扎检验。

【价值目标】

1. 培养诚实守信的工作品质。

2. 培养学生的组织协调应变能力。

3. 培养工完场清的职业习惯。

4.4.1　工作准备

1. 预埋件安装要求

(1) 根据生产需要，提前预备所需的预埋件，避免因备料不及时影响生产进度。

(2) 安装预埋件之前对所有预埋件固定器进行检查，如有损坏、变形现象，禁止使用。

(3) 安装预埋件时，禁止直接踩踏钢筋笼，个别部位可以搭跳板，以免工作人员被钢筋扎伤或使钢筋笼凹陷。

(4) 在预埋件固定器上均匀涂刷脱模剂后，按图纸要求固定在模具底模上，确保预埋件与底模垂直、连接牢固。

(5) 所有预埋内螺纹套筒都需按图纸要求穿钢筋，钢筋外露尺寸要一致，内螺纹套筒上的钢筋要固定在钢筋笼上。

(6) 安装电器盒时，首先用预埋件固定器将电器盒固定在底模上，再将电器盒和线管连接，电器盒多余孔用胶带堵上，以免进浆。电器盒上表面要与混凝土表面平齐，线管绑扎在内叶墙钢筋骨架上，用胶带把所有预埋件上口封堵严实。

(7) 安装套筒时，套筒与底边模板垂直，套筒端头与模板之间无间隙。

(8) 浇筑完成的构件，必须及时拆除可拆除的预埋件。

2. 机具、材料准备

检查用于预制叠合梁预埋件安装的机具型号、名称与数量、材料的名称与数量等，均应符合生产和相关标准的要求，并填写机具、材料选用准备情况表（表 4-10）。

表 4-10 机具、材料选用准备情况表

序号	机具型号、名称	数量	序号	材料名称	数量
1			1		
2			2		
3			3		
4			4		
5			5		
6			6		

4.4.2 任务方案

1. 熟悉任务

熟悉图 4-19 和图 4-20 所示的预埋件安装示意图。

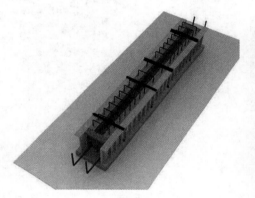

图 4-19 模具加固

图 4-20 端模孔洞封堵

2. 任务分组

预制混凝土梁预埋件安装工作中,根据岗位角色与任务分工完成学生任务分配表(表 4-11),并填写安全与施工技术交底内容。

表 4-11 学生任务分配表

组号		组长		指导教师	
组员	姓名		岗位角色与任务分工		
安全与施工技术交底内容					

4.4.3 任务实施

1. 施工流程

预制叠合梁预埋件安装的施工流程为:熟悉预埋件位置图→核对预埋件规格、型号→安装→质量验收。

2. 施工要点

施工前熟悉预埋件位置图中各部位,核对预埋件规格、型号等参数,对照规范要求预埋件,连接用钢材和预留孔洞模具的数量、规格、位置、安装应符合设计规定,固定措施应可靠。确保预埋件应固定在模板或支架上,预留孔洞应采用孔洞模具加以固定。最后对吊环处进行封堵,防止后期混凝土浇筑后砂浆溢出(图 4-21 和图 4-22)。

图 4-21　预埋件安装　　　　　　　　　图 4-22　吊环处封堵

4.4.4 成果检验

预埋件加工及安装固定允许偏差应满足规范的规定,按照检验方法实测记录预埋件质量要求和允许偏差值,填写表 4-12。

表 4-12　预埋件质量要求和允许偏差

项　　目		允许偏差/mm	检验方法	实测记录值
预埋件(插筋、螺栓、吊具等)	锚板中心线位置	5	钢尺检查	
	螺母中心线位置	2	钢尺检查	
	螺栓外露长度	+10,−5	钢尺检查	
	插筋中心线位置	3	钢尺检查	
	插筋外露长度	±5	钢尺检查	

任务小结

任务 4.5 预制混凝土梁混凝土浇筑

【任务目标】
1. 熟悉混凝土搅拌、振捣的基本要求。
2. 熟悉混凝土浇筑工艺流程。
3. 掌握混凝土浇筑操作要点。

【能力目标】
1. 能够识读图纸并计算混凝土用量。
2. 能够振捣混凝土。
3. 能够进行混凝土坍落度试验。
4. 能够按照施工工艺要求完成混凝土浇筑后的拉毛、收光。

【价值目标】
1. 培养吃苦能干的工作品质。
2. 培养质量至上的意识。
3. 培养工完场清的工作习惯。

4.5.1 工作准备

1. 混凝土搅拌

检查强制式单卧轴混凝土搅拌机,开机运行 3min,根据混凝土配合比要求,将水倒入强制式单卧轴混凝土搅拌机内,然后放入原材料进行搅拌。

每次浇筑混凝土前 1.5h 左右,由施工现场专业工长填写申报"混凝土浇灌申请书",由生产单位和技术负责人或质量检查人员批准,每一台班都应填写。

试验员依据"混凝土浇灌申请书"填写有关资料。根据砂石含水率,调整混凝土配合比中的材料用量,换算每盘的材料用量,写配合比板,经施工技术负责人校核后,挂在搅拌机旁醒目处。

材料用量、投放:水泥、掺合料、水、外加剂的计量误差为 ±2%,粗、细骨料的计量误差为 ±3%。

投料顺序:石子→水泥、外加剂粉剂→掺合料→砂子→水→外加剂液剂。

为使混凝土搅拌均匀,自全部拌合料装入搅拌筒中起到混凝土开始卸料止,混凝土搅拌的最短时间:强制式搅拌机不掺外加剂时,不少于 90s;掺外加剂时,不少于 120s。自落式搅拌机:在强制式搅拌机搅拌时间的基础上增加 30s。

2. 混凝土试验

坍落度试验:标准坍落度筒由钢皮制成,高度 $H=300$mm,上口直径 $d=100$mm,下底直径 $D=200$mm。试验时应润湿坍落度筒及底板,在坍落度筒内壁和底板上应无明水。底板应放置在坚实水平面上,并把筒放在底板中心,然后用脚踩住两边的脚踏板,坍落度筒在装料时应保持固定的位置不动。

（1）将按要求取得的混凝土试样用小铲分三层均匀地装入筒内，使捣实后每层高度为筒高的 1/3 左右（图 4-23）。每层用捣棒插捣 25 次。插捣应沿螺旋方向由外向中心进行，各次插捣应在截面上均匀分布。插捣底层时，捣棒应贯穿整个深度，插捣第二层和顶层时，捣棒应插透本层至下一层的表面；顶层混凝土装料应高出筒口。插捣过程中，如混凝土沉落到低于筒口，则应随时添加。顶层插捣完后，刮去多余的混凝土，并用抹刀抹平。

（2）清除筒边底板上的混凝土后，垂直平稳地提起坍落度筒（图 4-24）。坍落度筒的提离过程应在 3～7s 内完成；从开始装料到提坍落度筒的整个过程应不间断地进行，并应在 150s 内完成。

图 4-23　坍落度筒试验装料　　　　　　　图 4-24　坍落度筒试验检测

（3）提起坍落度筒后，测量筒高与坍落后混凝土试体最高点之间的高度差，即为该混凝土拌合物的坍落度值。《混凝土质量控制标准》(GB 50164—2011) 中规定，混凝土拌合物坍落度允许偏差见表 4-13。

表 4-13　混凝土拌合物坍落度允许偏差

坍落度/mm	设计值	≤40	50～90	≥100
	允许偏差	±10	±20	±30

3. 混凝土浇筑

混凝土应分层连续进行，间歇时间不超过混凝土初凝时间，一般不超过 2h，为保证钢筋位置正确，先浇一层 5～10cm 厚混凝土固定钢筋。台阶形基础每一台阶高度整体浇捣，每浇完一台阶停顿 0.5h 待其下沉，再浇上一层。分层下料，每层厚度为振动棒的有效振动长度，防止由于下料过厚、振捣不实或漏振、吊帮的根部砂浆涌出等原因造成蜂窝、麻面或孔洞。

采用插入式振捣器，插入的间距不大于振捣器作用部分长度的 1.25 倍。上层振捣棒插入下层 3～5cm。尽量避免碰撞预埋件、预埋螺栓，防止预埋件移位。

混凝土浇筑后，表面比较大的混凝土使用平板振捣器振一遍，然后用刮杆刮平，再用木抹子搓平。收面前必须校核混凝土表面标高，不符合要求处立即整改。

4. 机具、材料准备

检查用于预制叠合梁预埋件安装的机具型号名称与数量、材料的名称与数量等，均应符合生产和相关标准的要求，并填写机具、材料选用准备情况表（表 4-14）。

表 4-14　机具、材料选用准备情况表

序号	机具型号、名称	数量	序号	材料名称	数量
1			1		
2			2		
3			3		
4			4		
5			5		
6			6		
7			7		

5. 任务分组

预制叠合梁混凝土浇筑工作中，根据岗位角色与任务分工完成学生任务分配表（表 4-15），并填写安全与施工技术交底内容。

表 4-15　学生任务分配表

组号		组长		指导教师	
组员	姓名		岗位角色与任务分工		
安全与施工技术交底内容					

4.5.2 任务实施

1. 施工流程

叠合梁的施工流程为：混凝土搅拌→坍落度试验→浇筑→收光、抹面。

2. 施工要求

合理安排报料运输布料及构件浇筑顺序，最大化提高浇筑效率，避免因人为因素影响生产进度。

（1）浇筑时确保预埋件及工装位置不变（图 4-25）。

（2）浇筑时控制混凝土厚度，在基本达到厚度要求时停止下料，混凝土上表面与侧模上沿保持在同一个平面。

（3）无特殊情况时必须采用振动台上的振动电机进行整体振捣（图 4-26），如有特殊情况（如坍落度过小、局部堆积过高等）可以采用振捣棒振捣。振捣至混凝土表面无明显气泡溢出，保证混凝土表面水平且无突出石子。

（4）作业期间，工作人员时刻注意布料机的走向，避免在工作中被布料机碰伤。

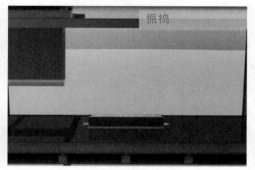

图 4-25　混凝土浇筑　　　　　　　　　　图 4-26　振捣

（5）及时、准确、清晰、详细记录构件浇筑情况并保管好文件资料。

（6）收面、抹面次数不少于三次，具体参见以下步骤（图 4-27）。

图 4-27　收面、抹面

第一步,先使用刮杠或振动赶平机将混凝土表面刮平,确保混凝土厚度不超出模具上沿。

第二步,用塑料抹子粗抹,做到表面基本平整,无外漏石子,外表面无凹凸现象,四周侧板的上沿(基准面)要清理干净,避免边沿超厚或有毛边。此步完成之后需静停不少于 1h 再进行下次抹面。

第三步,将所有埋件的工装拆掉,并及时清理干净,整齐地摆放到指定位置,锥形套留置在混凝土上,并用泡沫棒将锥形套孔封严,保证锥形套上表面与混凝土表面平齐。

第四步,使用铁抹子找平,特别注意埋件、线盒及外露线管四周的平整度,边沿的混凝土如果高出模具上沿要及时压平,保证边沿不超厚并无毛边,此道工序需将表面平整度控制在 2mm 以内,此步完成需静停 2h。

第五步,使用铁抹子对混凝土上表面进行压光,保证表面无裂纹、无气泡、无杂质、无杂物,表面平整光洁,不允许有凹凸现象。此步应使用靠尺边测量边找平,保证上表面平整度在 2mm 以内。将所有埋件的工装拆掉,清理干净后整齐地摆放到指定工具箱内。

(7) 工具使用后清理干净,整齐地放入指定工具箱内。

4.5.3　成果检验

根据混凝土工程质量验收记录的主控项目与一般项目,完成实测记录值的填写(表 4-16)。

表 4-16　混凝土工程质量验收记录

检查项目		允许偏差/mm	实测记录值
主控项目	预制构件的外观质量、尺寸偏差及结构性能应符合标准图或设计要求	—	
	预制构件与结构之间的连接应符合设计要求	—	
一般项目	长度　梁	+10,−5	
	长度　薄腹梁	+15,−10	
	宽度、高(厚)度　梁、薄腹梁	±5	
	侧向弯曲　梁	$L/750$ 且≤20	
	预埋件　中心线位置	10	
	预埋件　螺栓位置	5	
	预埋件　螺栓外露长度	±10,−5	
	预留孔(洞)中心线位置	5	
	主筋保护层　梁	+10,−5	
	表面平整　梁	5	

任务小结

任务 4.6　预制混凝土梁构件蒸养与脱模

【任务目标】

1. 熟悉构件蒸养与脱模工艺流程。

2. 掌握构件养护施工要点。

3. 掌握拆模、起吊要点。

【能力目标】

1. 能够进行构件养护温度、湿度控制及养护监控。

2. 能够依照拆模顺序进行构件拆模。

3. 能够操作高压水枪对涂刷缓凝剂的表面脱模后进行粗糙面冲洗处理。

【价值目标】

1. 培养自信、细心的专业指导能力。

2. 培养团队协作、合理分工的管理能力。

3. 培养热爱劳动、积极主动的实践学习能力。

4.6.1　工作准备

1. 注意事项

（1）夏天或气温在 24℃以上，产品在存货区自然养护。

（2）温度过低，混凝土完成扫面后需蒸汽养护时，开启蒸汽炉并控制蒸汽炉供应量，接着进行恒温养护，最后关掉蒸汽，进行自然降温。

（3）必须达到允许拆模条件以及环境的要求（以实验室给出数据为准）。

（4）混凝土试块与产品同条件养护。

（5）使用气动扳手拆卸螺丝时，首先检查工具是否安全，按顺序拆卸每颗螺丝，并将螺丝放置指定地点。严禁乱丢乱放，形成绊脚物，造成伤害。

（6）拆除模具连接点，应优先由上到下拆卸，检查拆卸情况防止遗漏，模具一般按自上而下、先外后内、先装后拆的原则拆卸，较为重型部位应当采用机械设备辅助。

（7）拆卸模具严禁交叉作业，拆模人员应站在模具上面或侧面操作，避免模具掉下砸伤。较大的模具需 2 人以上拆模时，在搬运和移动时要相互配合，以防砸伤或挤伤（其人员安排与装模时相同）。

（8）拆模时不得用力过猛、过急，注意保护棱角。清理模具的时候禁止使用铁锤敲击，防止模具变形及损坏产品。用橡胶锤振松或拆卸模具时，叠合板吊起高度离地面 300mm 为宜。

（9）操作人员要思想集中、用力均匀，尤其注意脚下位置，避免旁板或压条掉下砸伤脚部。

2. 机具、材料准备

检查用于预制叠合梁构件蒸养用的机具型号、名称与数量、材料的名称与数量等，均应符合生产和相关标准的要求，并填写机具、材料选用准备情况表（表 4-17）。

表 4-17　机具、材料选用准备情况表

序号	机具型号、名称	数量	序号	材料名称	数量
1			1		
2			2		
3			3		
4			4		
5			5		
6			6		
7			7		

3. 任务分组

预制叠合梁构件蒸养工作中，根据岗位角色与任务分工完成学生任务分配表（表 4-18），并填写安全与施工技术交底内容。

表 4-18　学生任务分配表

组号		组长		指导教师	
组员	姓名		岗位角色与任务分工		
安全与施工技术交底内容					

4.6.2 任务实施

1. 施工流程

预制梁构件蒸养与脱模的施工流程为：预养→拉毛或抹光→养护→拆模、起吊→堆放。

2. 施工要点

（1）混凝土表面成型压面后先预养护 2h，通蒸汽养护，冬季可应及时扣盖，养护期间注意避免触动混凝土成型面（图 4-28）。

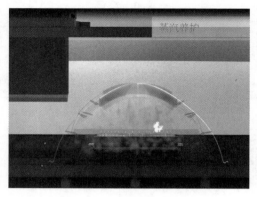

图 4-28　蒸汽养护

（2）静停时间不小于 2h，升、降温速度不大于 20℃/h，蒸养最高温度不超过 70℃。

（3）保证蒸汽养护期间冷凝水不污染构件。

（4）按养护制度进行养护，不得擅自更改。

（5）规定测温要求：静停和升、降温阶段每 1h 测 1 次，恒温阶段每 2h 测 1 次。

（6）出池时应测出池温度，并要做测温记录。

（7）严禁将蒸汽管直接对着构件。

（8）试块放置在池内构件旁，对准观察口方便取出的地方，上面覆盖塑料布以防冷凝水。

（9）脱模强度应达到其设计要求强度等级的 80% 以上，出厂安装时应达到设计强度等级的 100%（图 4-29 和图 4-30）。

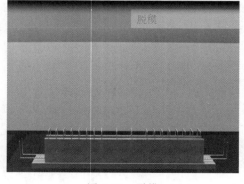

图 4-29　脱模

图 4-30　成品

4.6.3　成果检验

1. 构件外观质量缺陷检查与验收

1）外观严重缺陷检验

PC构件外观严重缺陷检验是主控项目,须全数检查。通过观察、尺量的方式检查。

PC构件不应有严重缺陷,且不应有影响结构性能和安装、使用功能的尺寸偏差。严重缺陷包括纵向受力钢筋有露筋;构件主要受力部位有蜂窝、孔洞、夹渣、疏松;影响结构性能或使用功能的裂缝。

如果PC构件存在上述严重缺陷,或存在影响结构性能和安装、使用功能的尺寸偏差,不能安装,须由PC工厂进行处理。处理后的构件应重新验收。

2）外观一般缺陷检查

外观一般缺陷检查为一般项目,须全数检查。

一般缺陷包括纵向受力钢筋以外的其他钢筋有少量露筋;非主要受力部位有少量蜂窝、孔洞、夹渣、疏松、不影响结构性能或使用性能的裂缝;连接部位有基本不影响结构传力性能的缺陷;不影响使用功能的外形缺陷和外表缺陷。一般缺陷应当由制作工厂处理后重新验收。

3）构件外观质量缺陷检查

构件外观质量缺陷检查,填写构件外观质量缺陷检查表(表4-19)。

表 4-19　构件外观质量缺陷检查

名称	现　　象	严重缺陷记录	一般缺陷记录
露筋	构件内钢筋未被混凝土包裹而外露		
蜂窝	混凝土表面缺少水泥砂浆而形成石子外露		
孔洞	混凝土中孔穴深度和长度均超过保护层厚度		
夹渣	混凝土中夹有杂物且深度超过保护层厚度		
疏松	混凝土中局部不密实		
裂缝	缝隙从混凝土表面延伸至混凝土内部		
连接部位缺陷	构件连接处混凝土缺陷及连接钢筋、连接件松动,插筋严重锈蚀、弯曲,灌浆套筒堵塞、偏位,灌浆孔洞堵塞、偏位、破损等缺陷		
外形缺陷	缺棱掉角、棱角不直、翘曲不平、飞出凸肋等装饰面砖粘结不牢、表面不平、砖缝不顺直等		
外表缺陷	构件表面麻面、掉皮、起砂、沾污等		

2. 预制梁构件堆放

(1)预制构件的存放场地宜为混凝土硬化地面或经人工处理的自然地坪,满足平整度和地基承载力要求,并应有排水措施。构件的存放架应有足够的刚度和稳定性。

（2）预制构件存放区应按构件种类合理分区，并应按型号、生产日期分类存放。不合格的预制构件，应分区、单独存放，并集中处理。

（3）预制梁细长构件宜水平堆放，预埋吊装孔表面朝上，高度不宜超过 2 层，且不宜超过 2.0m。实心梁、柱需在两端 $0.2\sim0.25L$（构件长度 L）间垫上枕木，底部支撑高度不小于 100mm，若为叠合梁，则须将枕木垫于实心处，不可让薄壁部位受力。

任务小结

项目拓展练习

1. 知识链接

微课:预制构件及其连接
基本构造要求(上)

微课:预制构件及其连接
基本构造要求(下)

微课:钢筋与预埋件安装

2. 方案编制

结合本项目所学,编制一份预制梁生产制作方案。

3. 项目练习题

（1）预制混凝土梁模具组装工艺流程有哪些？

_____

_____

_____

_____

_____

_____

_____

（2）预制混凝土梁钢筋绑扎工艺流程是什么？

_____

_____

_____

_____

_____

_____

_____

（3）通过对构件生产制作过程的分析，结合预制混凝土梁质量验收要点，提出改进验收方法的措施。

_____

_____

_____

_____

_____

_____

_____

项目 5 预制混凝土楼梯生产

知识目标

1. 熟悉常用图例,掌握钢筋混凝土板式楼梯平面布置图的识图规则。
2. 熟练预制楼梯模具的安装使用要点,掌握模具安装后的质量检验操作要领。
3. 掌握预制混凝土楼梯钢筋及预埋件施工要点。
4. 掌握预制混凝土楼梯的混凝土制作与养护要求。
5. 培养良好的职业素养与严谨的专业精神。

能力目标

1. 能够进行预制混凝土楼梯的模具拼装、钢筋骨架制作与安装、预埋件安装、混凝土浇筑。
2. 能够进行预制混凝土楼梯的蒸养工序操作。
3. 能够鉴别预制混凝土楼梯制作的质量。

价值目标

1. 具备良好的职业素养与严谨的专业精神。
2. 具备精益求精的专业精神。
3. 具备工程生产质量意识。

引用规范

1.《混凝土结构工程施工及验收规范》(GB 50204—2015)。
2.《装配式混凝土结构技术规程》(JGJ 1—2014)。
3.《装配式混凝土构件制作与验收标准》(DB13(J)/T181—2015)。
4.《混凝土结构工程施工及验收规范》(GB 50204—2015)。
5.《混凝土强度检验评定标准》(GB/T 50107—2010)。
6.《混凝土质量控制标准》(GB 50164—2011)。

项目情境

构件生产厂技术员王某接到某工程预制钢筋混凝土楼梯的生产任务,其中一块预制双跑楼梯选自标准图集《预制钢筋混凝土板式楼梯》(15G367-1),编号为 ST-28-24。

该楼梯所属工程为政府保障性住房。工程采用装配整体式混凝土剪力墙结构体系,预制构件包括:预制夹心外墙、预制内墙、预制叠合楼板、预制楼梯、预制阳台板以及预制空调板。该工程地上11层,地下1层,标准层层高2800mm,抗震设防烈度7度,结构抗震等级三级。楼梯ST-28-24,混凝土设计强度等级为C30,使用标号为42.5级的普通水泥,设计配合比为1∶1.4∶2.6∶0.55(其中水泥用量为429kg),现场砂含水率为2.5%,石子含水率为3%。王某现需结合标准图集及工程特点计算ST-28-24所需钢筋、混凝土各组成材料及预埋件的用量,预制构件生产情况见表5-1。

表5-1　预制构件楼梯生产清单表

楼号	层数	构件名称	代号	数量
1#	10	板式楼梯	YTB	20
	1	梁板式楼梯	YTL	2

任务 5.1　预制混凝土楼梯生产前期准备

【知识目标】

1. 熟悉施工现场准备和施工组织准备的内容。

2. 掌握施工前的安全检查内容。

3. 熟悉预制构件生产环节操作。

【能力目标】

1. 初步设计现场生产方案,初步组织现场生产。

2. 能够运用所学知识检查混凝土构件的质量。

【价值目标】

1. 培养学生工程安全生产意识。

2. 培养学生工程质量管理的意识。

5.1.1　工作准备

1. 技术准备

(1)审核预制混凝土楼梯需要修改或完善时应在生产前办理变更的文件。

(2)收集施工相关技术标准。

(3)熟悉预制混凝土楼梯施工方案或作业指导书,对施工操作人员进行技术交底。

(4)进行混凝土配合比设计。

2. 物资准备

(1)混凝土原材料应符合下列规定。

① 水泥、外加剂、掺合料、粗骨料、细骨料等应符合现行国家标准《混凝土结构工程施工质量验收规范》(GB 50204—2015)的规定。

② 混凝土原材料应按品种、数量分别存放。

（2）钢筋和钢材应符合下列规定。

① 钢筋应符合设计和现行国家标准《混凝土结构设计规范》（GB 50010—2010）（2015年版）的规定。

② 预埋铁件钢材宜采用 Q235B 钢材。

③ 预制混凝土楼梯的吊环应采用 HPB300 钢筋或 Q235B 圆钢制作。预制混凝土楼梯吊装用内埋式螺母或内埋式吊杆及配套的吊具，应符合国家现行相关标准的规定。

（3）模具应符合下列规定。

① 预制混凝土楼梯模具采用立式钢模具，并满足承载力、刚度和稳定性要求。

② 模具应满足预制混凝土楼梯的质量、生产工艺、模具组装与拆卸、周转次数等要求。

③ 模具应能满足预制混凝土楼梯预留孔、插筋、预埋吊环及其他预埋件的定位要求，并便于清理和涂刷脱模剂。

（4）脱模剂的选用。

脱模剂宜选用质量稳定、易喷涂、脱模效果好的水质、油质或蜡质脱模剂，并应具有改善预制混凝土楼梯表观质量效果的功能，检验应符合现行行业标准《混凝土制品用脱模剂》（JC/T 949—2020）的规定。

3. 设施准备

（1）施工机械：混凝土输送料斗、振动棒、自动数控弯箍机、数控钢筋调直切断机、数控钢筋剪切生产线、数控立式钢筋弯曲机、网片焊接机、起重系统等。

（2）工具用具：钢筋绑扎机、密封条、木条、棉丝、木抹子、钢抹子、撬棍等。

（3）监测装置：水平尺、钢卷尺、靠尺、塞尺、卡尺、混凝土回弹仪等。

4. 作业条件准备

（1）生产设备、机械试运转正常。

（2）根据预制混凝土楼梯生产数量、工期、生产工艺合理选取生产主区和配套功能区域。

（3）建立预制混凝土楼梯产品标识系统。

5. 安全防护准备

1）佩戴安全帽

（1）内衬圆周大小调节到头部稍有约束感为宜。

（2）系好下颚带，下颚带应紧贴下颚，松紧以下颚有约束感，但以不难受为宜。

2）穿戴劳保工装、防护手套

（1）劳保工装做到"统一、整齐、整洁"，并做到"三紧"，即领口紧、袖口紧、下摆紧。严禁卷袖口、卷裤腿等现象。

（2）必须正确佩戴手套，方可进行实操。

5.1.2　任务方案

1. 熟悉任务

熟悉图 5-1 所示的楼梯 YLT 模板及配筋图。

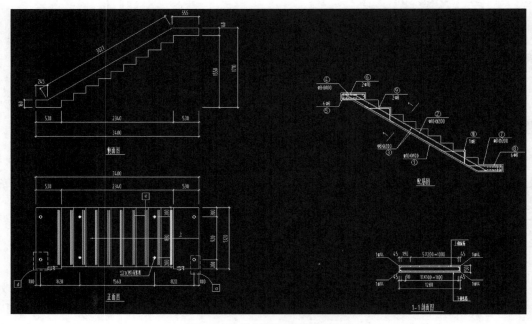

图 5-1　楼梯 YLT 模板及配筋图

2. 钢筋配料

为了保证预制楼梯钢筋下料的准确度,根据楼梯配筋图完成钢筋配料表(表 5-2)的填写。

表 5-2　钢筋配料表

钢筋类型		钢筋编号	钢筋加工尺寸	钢筋下料长度	钢筋数量	备注
楼梯	纵筋	1				
		2				
	箍筋	3				
	拉筋	4				

5.1.3　任务实施

1. 知识点

预制钢筋混凝土板式楼梯编号。标准图集《预制钢筋混凝土板式楼梯》(15G367-1)中列出了双跑楼梯和剪刀楼梯两种预制楼梯的编号。

(1)预制双跑楼梯。如 ST-28-25 表示预制混凝土板式双跑楼梯,建筑层高 2800mm、楼梯间净宽 2500mm。

（2）预制剪刀楼梯。如 JT-28-25 表示预制混凝土板式剪刀楼梯，建筑层高 2800mm、楼梯间净宽 2500mm。

2. 分类、代号和标记

（1）预制混凝土楼梯按结构形式可分为板式楼梯和梁板式楼梯。

（2）预制混凝土楼梯按梯段截面形式可分为不带平板型、低端带平板型、高端带平板型、高低端均带平板型、中间带平板型 5 类，见图 5-2。

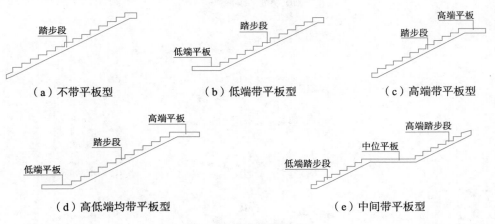

（a）不带平板型　　　　　（b）低端带平板型　　　　　（c）高端带平板型

（d）高低端均带平板型　　　　　　　（e）中间带平板型

图 5-2　梯段截面形式

（3）楼梯结构形式代号如下。

YTB——板式楼梯；

YTL——梁板式楼。

（4）楼段截面形式代号如下。

A——不带平板型；

B——低端带平板型；

C——高端带平板型；

D——高低端均带平板型；

E——中间带平板型。

（5）标记方式如下。

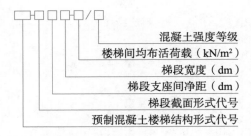

混凝土强度等级
楼梯间均布活荷载（kN/m²）
梯段宽度（dm）
梯段支座间净距（dm）
梯段截面形式代号
预制混凝土楼梯结构形式代号

【例 5-1】　低端带平板型板式楼梯，梯段宽度为 1200mm，梯段投影长度为 2500mm，楼梯间均布活荷载 2.5kN/m²，采用 C30 混凝土，标记为 YTB-B1225-2.5/C30。

【**例 5-2**】 不带平板型梁板式楼梯,梯段宽度为 1200mm,梯段投影长度为 2600mm,楼梯间均布活荷载 3.0kN/m²,采用 C40 混凝土,标记为 YTL-A1226-3.0/C40。

3. 预制混凝土楼梯制作工艺流程

预制混凝土楼梯制作工艺流程见图 5-3。

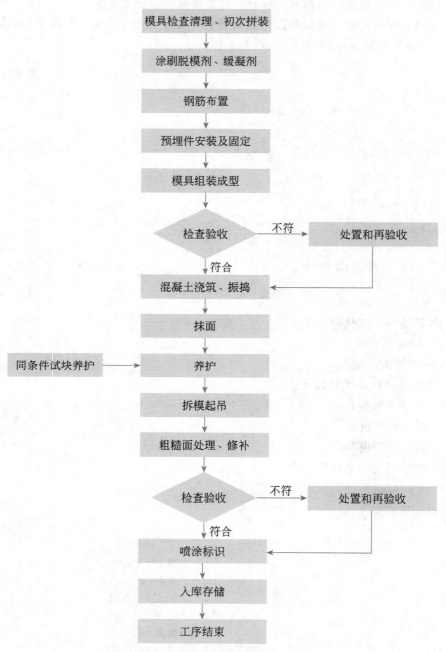

图 5-3 预制混凝土楼梯制作工艺流程

4. 施工要点

（1）识图：熟悉施工图纸，了解预制构件钢筋、模板的尺寸和形式及商品混凝土浇筑工程量和基本浇筑方式。

（2）钢筋加工与制作：根据配料表，加工切断钢筋，完成钢筋的弯曲成型。

（3）验收、模具清理：将模具清理干净、恢复模具本色。模具是专业厂家生产，进厂验收合格后，方可使用。

（4）涂刷脱模剂：模具混凝土接触面涂刷脱模剂。

（5）安装钢筋骨架及埋件：钢筋骨架在模具外绑扎，绑扎完成后吊入梁模中，安装梁相关预埋件。

（6）固定模具：检查连接，固定牢固，拼缝紧密，不得漏浆、漏水。

（7）浇筑混凝土：使用桁吊吊起混凝土斗车浇筑混凝土。

（8）养护：自然养护或蒸汽养护。

（9）拆模、起吊：构件强度达到15MPa并达到设计强度75%时，将梁模两侧模具分开，使用桁吊将构件从模具内吊出。

（10）检查、修补、存放：脱模后检查构件质量，对有缺陷的构件进行修补，将合格的成品按堆码表顺序进行堆放。

5.1.4　成果检验

检查用于预制楼梯生产的机具型号、名称与数量、材料的名称与数量等，均应符合生产和相关标准的要求，并填写机具、材料选用准备情况表（表5-3）。

表5-3　机具、材料选用准备情况表

序号	机具型号、名称	数量	检查确认	序号	材料名称	数量	检查确认
1				1			
2				2			
3				3			
4				4			
5				5			
6				6			
7				7			
8				8			
9				9			
10				10			
11				11			

任务小结

任务 5.2　预制混凝土楼梯模具拼装

【知识目标】

1. 熟悉楼梯模具图纸内容。
2. 掌握楼梯模具组装工艺流程。
3. 掌握楼梯模具组装后验收要点。

【能力目标】

1. 能够按照规范要求进行楼梯模具组装。
2. 能够运用所学知识检查楼梯模具组装的质量。

【价值目标】

1. 培养团队合作精神。
2. 培养工程质量管理的意识。

5.2.1　工作准备

1. 楼梯模具特点

楼梯模具可分为卧式和立式两种,卧式模具占用场地大,需要压光的面积较大,构件需多次翻转,故推荐设计为立式楼梯模具。模具安装重点为楼梯踏步的处理,由于踏步呈波浪形,钢板需折弯后拼接,拼缝宜放在既不影响构件效果又便于操作的位置,拼缝的处理可采用焊接或冷拼接工艺,需要特别注意的是拼缝处的密封性,严禁出现漏浆现象,楼梯模具示意图如图 5-4 和图 5-5 所示。

图 5-4　楼梯的立式模具

图 5-5　楼梯的卧式模具

2. 安全操作注意事项

所使用工具开工之前必须检查一遍,确认完好方可使用;因模件均已喷洒脱模油,搬运时需戴上防护手套,以防物件滑手伤人。

装模时,应由二人以上进行装模,且手不能放在模具的散件与散件夹缝中,以免夹伤; 2 人以上拆装模具时,必须统一指挥,统一步调,相互配合,协同作业。牢牢记住手不能放 在模具的散件与散件夹缝中。用手搬运或翻转散件时,手必须放在指定手柄或其他安全位 置上,轻的 1 人搬运,重的需要 2 人搬运或者机械搬运。有吊环的大型模件至少需要 3 人 操作,其中 1 人操作起重机吊起,1 人负责扶稳,另 1 人收紧螺丝。

3. 机具材料准备

检查用于预制楼梯模具拼装的机具型号、名称与数量、材料的名称与数量等,均应符合 生产和相关标准的要求,并填写机具、材料选用准备情况表(表 5-4)。

表 5-4 机具、材料选用准备情况表

序号	机具型号、名称	数量	序号	材料名称	数量
1			1		
2			2		
3			3		
4			4		
5			5		
6			6		
7			7		
8			8		

5.2.2 任务方案

1. 熟悉任务

楼梯模具进场后,要对照图纸对模具进行检验。

(1)检验项目:梯段及平台宽度、厚度、斜长,梯段厚度,踏步高度、宽度、平整度,休息 平台厚度、宽度,埋件中心线位置、螺栓位置,楼梯底面表面平整度。

(2)检验要求:严格按照图纸设计尺寸进行检验,误差范围必须在图纸要求范围内,超 出允许误差的及时调整并复验,合格后方可进行下一步施工。

(3)检验方法及数量:跟踪检测、全数检查。

(4)检验工具:钢尺、施工线、吊锤、靠尺、塞尺。

2. 任务分组

预制混凝土楼梯模具拼装工作中,根据岗位角色与任务分工完成学生任务分配表 (表 5-5),并填写安全与施工技术交底内容。

5.2.3 任务实施

1. 施工流程

预制混凝土楼梯模具拼装的施工流程为:清模→组模(核对)→涂刷脱模剂。

表 5-5　学生任务分配表

组号		组长		指导教师	
组员	姓名		岗位角色与任务分工		
安全与施工技术交底内容					

2. 施工要点

1）清模

（1）预制构件生产时，模具应根据构件设计图纸分别组装完毕，验收合格后再进行钢筋入模。对于特殊构件，可按要求将钢筋先入模后组装模具。

（2）模具组装应连接牢固、缝隙严密，组装时应进行表面清洗或涂刷水性或油性隔离剂，接触面不应有划痕、锈渍和氧化层脱落等现象。

（3）模具应清除干净，不得存有铁锈、油污及混凝土残渣，并应根据生产计划合理选取模具。

（4）对于首次使用及大修后的模具应全数检查，使用中的模具也应当定期检查，并做好检查记录。

2）组模（核对）

（1）模具组装时应采用螺栓将模具组件连接紧固，并应将模具一边用螺栓与模台进行紧固，其余三边用磁力盒进行紧固，使用磁力盒固定模具时，应将磁力盒底部杂物清除干净，且应将螺丝有效地压到模具上。

（2）组装后缝隙处应粘贴密封条，防止浇筑振捣过程漏浆，模具组装后应校对尺寸，特别要注意对角线尺寸应符合规范要求，模具拼接接口处严禁出现错台。模具组装完成后尺寸允许偏差要求应符合表 5-6 的要求。

表 5-6 模具尺寸允许偏差

检验项目		允许偏差/mm	检 验 方 法
长度	≤6m	1，−2	用钢尺测量平行构件高度方向，取其中偏差绝对值较大处
	>6m 且≤12m	2，−4	
	>12m	3，−5	
截面尺寸	墙板	1，−2	用钢尺测量两端或中部，取其中偏差绝对值较大处
	其他构件	2，−4	
对角线差		3	用钢尺量纵、横两个方向对角线
侧向弯曲		L/1500 且≤5	拉线，用钢尺量侧向弯曲最大处
翘曲		L/1500	对角拉线测量交点间距离值
底模表面平整度		2	用 2m 靠尺和塞尺检查
组装缝隙		1	用塞片或塞尺量
端模与侧模高度差		1	用钢尺量

3）涂刷脱模剂

（1）根据设计要求进行粗糙面的设置，可选择气泡膜、键槽凹槽、后期冲洗等方式。

（2）涂刷脱模剂前保证底模干净、无浮灰。

（3）宜采用水性脱模剂，用干净抹布蘸取脱模剂，拧至不自然下滴为宜，均匀涂抹在底模以及窗模和门模上，应保证无漏涂。

（4）抹布及时清洗，清洗后放到指定盛放位置，保证抹布及脱模剂干净、无污染。

（5）涂刷脱模剂后，底模表面不允许有明显痕迹。

（6）工具使用后清理干净，整齐放入指定工具箱内。

5.2.4 成果检验

根据模具组装完成后尺寸允许偏差的标准，按照检验方法实测记录预制构件模具尺寸的偏差值，填写表 5-7。

表 5-7 预制构件模具尺寸的允许偏差和检验方法

项次	检验项目	允许偏差/mm	检 验 方 法	实测记录值
1	长度	±2	用钢尺量平行构件高度方向，取其中偏差绝对值较大处	
2	宽度	2，−3		
3	高度	0，−2		
4	对角线差	3	用钢尺量纵、横两个方向对角线	
5	组装缝隙	1	用塞片或塞尺量	
6	端模与侧模高低差	1	用钢尺量	

任务小结

任务 5.3　预制混凝土楼梯钢筋骨架制作与安装

【知识目标】

1. 熟悉钢筋制作与绑扎工艺流程。

2. 掌握楼梯钢筋的制作与安装要点。

3. 掌握楼梯钢筋安装的质量验收内容。

【能力目标】

1. 识读钢筋配筋图、进行楼梯钢筋制作与安装。

2. 能够运用所学知识检查钢筋安装的质量。

【价值目标】

1. 培养学生的规范施工意识。

2. 养成学生团队合作精神。

5.3.1　工作准备

预制钢筋混凝土楼梯作为装配式预制构件中较容易实现标准化设计和批量生产的构件类型,和现浇楼梯最大的差别在于,预制楼梯按照严格的尺寸进行设计生产,更易安装和控制质量,不仅能够缩短建设的工期,还能做到结构稳定,减少裂缝和误差。

1. 钢筋加工准备

1) 材料

(1) 钢筋:应有出厂质量证明和检验报告单,并按有关规定分批抽取试样作机械性能试验,合格后方可使用。加工成型钢筋必须符合配料单规格、尺寸、形状、数量。

(2) 绑扎铁丝:采用20~22号绑扎钢筋专用的铁丝,铁丝不应有锈蚀或过硬情况。

(3) 其他,用水泥砂浆预制成50mm见方,厚度等于保护层的垫块或塑料垫块,支撑马凳。

2) 机具设备

(1) 机械:钢筋除锈机、钢筋调直机、钢筋切断机、电焊机。

(2) 工具:钢筋钩子、钢筋扳子、钢丝刷、火烧丝铡刀、墨线。

3) 作业条件

(1) 加工好的钢筋进场后,应检查是否有出厂合格证明、复试报告,并按指定位置、规格、部位编号分别堆放整齐。

(2) 钢筋绑扎前,应检查有无锈蚀现象,除锈之后再运到绑扎部位。熟悉图纸,按设计要求检查已加工好的钢筋规格、形状、数量是否正确。

(3) 楼梯底模板支好、预检完毕。

(4) 检查预埋钢筋或预留洞的数量、位置、标高要符合设计要求。

(5) 根据图纸要求和工艺规程向施工班组进行交底。

2. 工具材料准备

检查用于预制楼梯钢筋骨架制作与安装的机具型号名称与数量、材料的名称与数量等,均应符合生产和相关标准的要求,并填写机具、材料选用准备情况表(表5-8)。

表 5-8 工具、材料选用准备情况表

序号	工具名称	数量	序号	材料名称	数量
1			1		
2			2		
3			3		
4			4		
5			5		
6			6		
7			7		

5.3.2 任务方案

1. 熟悉任务

1)钢筋配料

预制楼梯的钢筋配料必须严格按照图纸设计及下料单要求制作,对应相应的规格、型号及尺寸进行加工。制作过程中应当定期、定量检查,不符合设计要求及超过允许偏差的一律不得绑扎,按废料处理。

2)钢筋绑扎

严格按照图纸要求进行预制楼梯的钢筋绑扎,绑扎时应注意钢筋间距、数量、保护层等。尺寸、弯折角度不符合设计要求的钢筋不得绑扎。楼梯钢筋绑扎过程中,应注意受力钢筋在下,分布钢筋在上。楼梯梯段板为非矩形时,钢筋分布应沿结构法线方向,间距控制应以结构长边尺寸作为控制依据。

根据设计图纸主筋、分布筋的方向,先绑扎主筋后绑扎分布筋,每个交叉点均应绑扎,相邻绑扎点的铁丝扣要呈"八"字形,以免网片变形歪斜。梁式楼梯是先绑梁筋后绑板筋。梁筋锚入长度及板筋锚入梁内长度应根据设计要求确定。主筋接头数量和位置均要符合施工及验收规范要求。

需要预留孔洞时,应当根据要求绑扎加强筋。钢筋骨架尺寸应准确,骨架吊装时应采用专用吊架,防止骨架产生变形。在钢筋绑扎过程中和钢筋绑扎好后,不得在已绑好的钢筋上行人、堆放物料或搭设跳板,以免影响结构强度和使用安全。

3)预埋件安装

施工过程中,保证孔洞及埋件的位置标高、尺寸、标准,避免事后剔凿开洞时影响楼梯质量。在浇筑混凝土前进行检查、整修,保持钢筋位置准确不变形。

2. 任务分组

预制混凝土楼梯钢筋骨架制作与安装工作中,根据岗位角色与任务分工完成学生任务分配表(表5-9),并填写安全与施工技术交底内容。

表 5-9 学生任务分配表

组号		组长		指导教师	
组员	姓名		岗位角色与任务分工		
安全与施工技术交底内容					

5.3.3 任务实施

1. 施工流程

预制混凝土楼梯钢筋骨架制作与安装的流程为：熟悉钢筋配料单→钢筋断料→钢筋加工与制作→绑扎→质量验收。

2. 施工要点

1）生产前准备

工作开始前首先进行生产前准备，检查着装和清理杂物；操作轮道将模台移动到钢筋摆放区域。

2）钢筋下料与制作

在领料单内选择生产构件的抗震等级，并根据钢筋配筋图进行钢筋合理下料，下料包括钢筋类型、钢筋尺寸数据、生产数量、钢筋编号、钢筋型号等。钢筋下料的数量直接影响后续钢筋绑扎操作，钢筋欠缺需要进行补料，钢筋剩余将累积到下个任务。

3）钢筋摆放与绑扎

根据钢筋配筋图，首先摆放模具邻近钢筋，再从上往下摆放横筋，钢筋间距为 60～150mm，允许误差为±100mm。钢筋网片纵筋摆放规则与横筋相同，具体依据钢筋网片配筋图。

4）钢筋、埋件放置及垫块设置

将绑扎好的钢筋骨架运至楼梯模具内，将预埋件安装定位，并设置垫块。垫块高度依据外层混凝土厚度要求进行选择，依据标准进行摆放（垫块与垫块的间距为 300～600mm，垫块与模具间距≤300mm），摆放及绑扎固定垫块。

5）模具合模

操作行车挂取翻转模具页，合模并固定。

5.3.4 成果检验

依据钢筋骨架制作与完成后尺寸允许偏差的标准，按照检验方法实测记录钢筋成品尺寸的偏差值，填写表 5-10。

表 5-10 钢筋成品尺寸允许偏差

项次	检 验 项 目		允许偏差/mm	检 验 方 法	实测记录值
1	钢筋骨架	长度	0，−5	钢尺检查	
		宽度	±5	钢尺检查	
		厚度	±5	钢尺检查	
		主筋间距	±10	钢尺检查	
		主筋排距	±5	钢尺检查	
		起弯点位移	15	钢尺检查	
		箍筋间距	±10	钢尺检查	
		端头不齐	5	钢尺检查	
2	受力钢筋	保护层	±5	钢尺检查	
3	端头不齐		5	钢尺检查	
4	绑扎钢筋、横向钢筋间距		±10	钢尺量连续三挡，取最大值	
5	箍筋间距		±10	钢尺量连续三挡，取最大值	
6	弯起点位置		±10	钢尺检查	

任务小结

任务 5.4　预制混凝土楼梯预埋件安装

【知识目标】

1. 熟悉预埋件安装工艺流程。

2. 掌握预埋件安装操作要点。

3. 掌握预埋件安装的质量验收内容。

【能力目标】

1. 通过识读钢筋配筋图进行预埋件安装。

2. 能够运用所学知识检查预埋件安装的质量。

【价值目标】

1. 培养学生的规范施工意识。

2. 培养学生团队合作精神。

5.4.1　工作准备

1. 预制埋件

预埋件的材料、品种应按照构件制作图要求进行制作,并应准确定位。各种预埋件进场前,应要求供应商出具合格证和质保单,并应对产品外观、尺寸、强度、防火性能、耐高温性能等进行检验。

预埋件应严格按照设计给出的尺寸要求制作,制作安装后必须对所有预埋件的尺寸进行验收。预埋件加工允许偏差应符合表 5-11。

表 5-11　预埋件加工允许偏差

项次	检验项目		允许偏差/mm	检验方法
1	预埋钢板的边长		0,−5	用钢尺量
2	预埋钢板的平整度		1	用直尺和塞尺量
3	钢筋	长度	10,−5	用钢尺量
		间距偏差	±10	用钢尺量

2. 机具材料准备

检查用于预制楼梯预埋件安装的机具型号、名称与数量、材料的名称与数量等,均应符合生产和相关标准的要求,并填写机具、材料选用准备情况表(表 5-12)。

5.4.2　任务方案

1. 熟悉任务

1)预埋件应符合的规定

(1)受力预埋件的锚筋宜为 HRB400 级或 HPB300 级钢筋,不应采用冷加工钢筋。

表 5-12 机具、材料选用准备情况表

序号	机具型号、名称	数量	序号	材料名称	数量
1			1		
2			2		
3			3		
4			4		
5			5		
6			6		
7			7		
8			8		

（2）预埋件的受力直锚筋不宜少于 4 根，且不宜多于 4 排。其直径不宜小于 8mm，且不宜大于 25mm。受剪切预埋件的直锚筋可采用两根。受力锚板的锚板宜采用 Q235、Q345 钢材。直锚筋与锚板应采用 T 形焊。

（3）预埋件的锚筋位置应位于构件外层主筋的内侧。采用手工焊接时，焊缝高度不宜小于 6mm 和 0.5d（HPB300 级）或 0.6d（HRB400 级）。

2）吊环应符合的规定

（1）吊环应根据构件的大小、截面尺寸，确定在构件内的深入长度、弯折形式。

（2）吊环应采用 HPB300 级钢筋弯制，严禁使用冷加工钢筋。

（3）吊环的弯心直径为 2.5d，且不得小于 60mm。吊环锚入混凝土的深度不应小于 30d，并应焊接或绑扎在钢筋上。埋深不够时，可焊接在主筋上。采用圆形吊钉、内螺旋吊点、卡片式吊点等新型预埋件，应通过专门的接驳器与卡环、吊钩连接使用。使用前，应根据构件的尺寸、重量，经过受力计算后，选择适合的吊点，确保使用安全。

3）预埋件尚应符合的规定

（1）预埋件的材料、品种、规格、型号应符合国家相关标准规定和设计要求。

（2）预埋件的防腐防锈应满足现行国家标准《工业建筑防腐蚀设计规范》（GB 50046—2018）和《涂装前钢材表面锈蚀等级和防锈等级》（GB/T 8923—1988）的规定。

（3）管线的防腐防锈应满足现行国家标准《工业建筑防腐蚀设计规范》（GB 50046—2018）和《涂装前钢材表面锈蚀等级和防锈等级》（GB/T 8923—1988）的规定。

4）预留预埋件进厂时，应对其外观尺寸、材料性能、抗拉拔性能进行检查，并应符合设计要求。

检查数量：同一厂家、同一类别、同一规格产品，不超过 1000 件为一批。检验方法：检查质量证明文件和抽样检验报告。

2. 任务分组

预制混凝土楼梯预埋件安装工作中，依据岗位角色与任务分工完成学生任务分配表（表 5-13），并填写安全与施工技术交底内容。

表 5-13　学生任务分配表

组号		组长		指导教师	
组员	姓名		岗位角色与任务分工		
安全与施工技术交底内容					

5.4.3　任务实施

　　固定在模板上的连接套筒、预埋件、连接件、预留孔洞位置的偏差应按表 5-14 的规定进行检测。

表 5-14　连接套管、预埋件、连接件、预留孔洞的允许偏差

项　目	允许偏差/mm		检 验 方 法
钢筋连接套筒	中心线位置	±3	钢尺检查
	安装垂直度	1/40	拉水平线、竖直线测量两端差值且满足连接套管施工误差要求
	套管内部、注入/排出口的堵塞		目视
预埋件（插筋螺栓、吊具等）	中心线位置	±5	钢尺检查
	外露长度	+5,0	钢尺检查且满足连接套管施工误差要求
	安装垂直度	1/40	拉水平线、竖直线测量两端差值且满足施工误差要求
连接件	中心线位置	±3	钢尺检查
	安装垂直度	1/40	拉水平线、竖直线测量两端差值且满足连接套管施工误差要求

续表

项　　目	允许偏差/mm		检 验 方 法
预留孔洞	中心线位置	±5	钢尺检查
	尺寸	+8,0	钢尺检查
其他需要先安装的部件	安装状况:种类、数量、位置、固定状况		与构件制作图对照及目视

5.4.4　成果检验

　　预埋件验收也是隐蔽工程验收的一项内容,需要检查预埋件的材料、品种、规格型号应符合现行国家相关标准的规定和设计要求,以及预埋件是否按照预制构件制作图进行制作,并准确定位,满足设计及施工要求。预埋件加工及安装固定允许偏差应满足规范的规定,按照检验方法实测记录预埋件质量要求和允许偏差值,填写表 5-15。

表 5-15　预埋件质量要求和允许偏差

项　　目		允许偏差/mm	检验方法	实测记录值
预埋件(插筋、螺栓、吊具等)	锚板中心线位置	5	钢尺检查	
	螺母中心线位置	2	钢尺检查	
	螺栓外露长度	+10,−5	钢尺检查	
	插筋中心线位置	3	钢尺检查	
	插筋外露长度	±5	钢尺检查	

任务小结

任务 5.5　预制混凝土楼梯混凝土浇筑

【知识目标】

1. 熟悉混凝土搅拌要求。

2. 熟悉混凝土浇筑工艺流程。

3. 掌握混凝土浇筑操作要点。

【能力目标】

1. 按照施工工艺要求完成混凝土浇筑。

2. 能够运用所学知识检查混凝土浇筑的质量。

【价值目标】

1. 培养规范施工意识。

2. 培养质量至上的意识。

5.5.1　工作准备

1. 原材料准备

(1) 水泥、外加剂、掺合料、粗骨料、细骨料等应符合现行国家标准《混凝土结构工程施工质量验收规范》(GB 50204—2015)的规定。

(2) 装配式混凝土结构混凝土应满足下列强度要求。

① 装配整体式混凝土结构中,主体结构预制构件的混凝土强度等级不应低于 C30。

② 预制预应力构件混凝土的强度等级不宜低于 C40,且不应低于 C30。

2. 机具材料准备

检查用于预制楼梯混凝土浇筑用的机具型号、名称与数量、材料的名称与数量等,均应符合生产和相关标准的要求,并填写机具、材料选用准备情况表(表 5-16)。

表 5-16　机具、材料选用准备情况表

序号	机具型号、名称	数量	序号	材料名称	数量
1			1		
2			2		
3			3		
4			4		
5			5		
6			6		
7			7		

5.5.2 任务方案

1. 熟悉任务

1) 预制楼梯的混凝土浇筑

混凝土应均匀连续浇筑,投料高度不宜大于 500mm。混凝土浇筑时应保证模具、门窗框、预埋件、连接件不发生变形或者移位,如有偏差,应采取措施及时纠正。混凝土宜采用振动平台,边浇筑、边振捣,同时可采用振捣棒、平板振动器作为辅助。混凝土从出机到浇筑时间(间歇时间)不宜超过 40min。

2) 预制楼梯的优点

(1) 预制楼梯成品的表面平整度、密实程度和耐磨性都可达到或超过楼梯地面的要求,可以直接作为完成面使用,避免瓷砖饰面日久破损,或维护后新旧瓷砖不一致的情况。

(2) 预制楼梯的踏步板上可预留防滑凸线(或凹槽),既可满足功能需要,又可起到装饰效果。

而传统现浇楼梯在工程应用中的缺点主要表现在施工速度缓慢、模板搭建复杂、模板耗费量大、现浇后不能立即使用(需另搭建设施工通道)、现浇楼梯必须做表面装饰处理等。

3) 预制楼梯的缺点

预制楼梯最大的缺点是与现浇楼梯相比造价较高。但如果预制楼梯全部统一标准化设计,预制楼梯造价要比传统楼梯相对较低。传统楼梯需要大量木模板,而且使用频率较低,标准化后的预制楼梯模具可以反复利用,只是会在运输费上有一定增加。传统施工的人工和现场作业辅助工具材料,相对预制而言费用更高,综合来讲,预制楼梯会比传统楼梯便宜。

2. 任务分组

预制混凝土楼梯混凝土浇筑工作中,根据岗位角色与任务分工完成学生任务分配表(表 5-17),并填写安全与施工技术交底内容。

表 5-17 学生任务分配表

组号		组长		指导教师	
	姓名			岗位角色与任务分工	
组员					
安全与施工技术交底内容					

5.5.3 任务实施

1. 预制混凝土楼梯浇筑施工工艺

施工工艺为:模板清理→钢筋绑扎及布设预埋件→合模→浇筑、振捣成型→抹面、压光。

1) 模板清理

预制楼梯每一次脱模以后,对钢模板采用尼龙刷进行整体抛光(一遍),抛光以后在模板的表面不得残留混凝土黏块等杂物。采用洁净的抹布对模板进行整体的擦拭(一遍),抹布应保持清洁,不得掉毛,不得含有灰尘,擦完以后需要保持清洁,不得堆放杂物。清理完以后采用稀料进行清洗(一遍),清洗完以后应采用干抹布再次进行擦拭(从左及右依次擦拭),不得漏擦,抹布应保持清洁,不得掉毛,不得含有灰尘。脱模剂应涂抹均匀(一遍),不得漏刷或积存,表面不得呈现厚度,严禁滴洒、污染钢筋。涂刷所用的脱模剂与水的兑制比例需根据制作构件时的温度进行调整。

2) 钢筋绑扎及布设栏杆预埋件

端部钢筋笼和中部钢筋网片绑扎符合设计要求,中部钢筋网片的纵向受力筋应锚入端部钢筋笼。钢筋笼入模之前应提前布置垫块,垫块按梅花状布置,间距满足钢筋限位及控制变形要求。钢筋笼入模过程中应避免破坏模具内表面涂刷好的脱模剂,钢筋笼不得沾染脱模剂。吊点及预埋件位置埋设正确合理,预埋件的固定应利用工桩、磁性底座等辅助工具保证安装位置及精度。

3) 合模

合模时需要注意以下几点。

(1) 堵头必须涂脱模剂,预埋件螺丝必须上紧,防止振捣时螺丝松脱跑浆;预埋件必须以"井"字形钢筋固定在笼筋骨架上。

(2) 合模时注意背板底部是否压笼筋。

(3) 合模顺序一般为:合背板→锁紧拉杆→合侧板→上部小侧板。

(4) 合模完成后必须检查上部尺寸是否合格。

4) 浇筑、振捣成型

浇筑、振捣时需要注意以下几点。

(1) 浇筑前应对混凝土质量进行检查,包括混凝土设计强度、和易性、浇筑温度等,均应符合国家现行标准《混凝土结构工程施工规范》(GB 50666—2011)的相关要求。

(2) 浇筑前检查坍落度,坍落度应控制在80~100mm。

(3) 当采用立式模具生产预制混凝土楼梯时,应分层浇筑,每层的混凝土浇筑高度不宜超过300mm,不应超过400mm。

(4) 混凝土振捣采用频率为200Hz的振动棒。振捣时应快插慢拔,振点间距不超过300mm,振捣上层混凝土时,应插入下层50mm为宜,振捣混凝土的时限应以混凝土内无气泡冒出时为准,不可漏振、过振、欠振。振捣时,应避开预埋件,并应避免钢筋、模板等被振松。

5) 抹面、压光

预制混凝土楼梯侧面采用人工抹面,并应符合下列规定。

(1) 使用刮杠将混凝土表面刮平,用塑料抹子粗抹,使表面基本平整,无外露石子,外表面无凹凸现象,四周侧板的上沿要清理干净,等待静停不少于1h后进行下次抹面。

(2)使用铁抹子找平,注意预埋件四周的平整度,边沿的混凝土如果高出模具上沿应及时压平,使边沿不超厚、无毛边,需将表面平整度控制在3mm以内。

(3)使用铁抹子对混凝土表面进行压光,保证表面无裂纹、无气泡、无杂质,表面平整光洁,不允许有凹凸现象。应使用靠尺边测量边找平,使表面平整度控制在3mm以内。

2. 施工要点

(1)预制钢筋混凝土楼梯分成休息平台板和楼梯段两部分。将构件在加工厂或施工现场进行预制,然后现场进行装配或焊接而形成。

(2)混凝土应具有良好的和易性及适当的早期强度,楼梯混凝土浇筑前,模具内浮浆、焊渣、铁锈及各种污物应清理干净,脱模剂应涂刷均匀,密封胶及双面胶带应在清理后及时打注与粘贴,防止密封胶凝固不充分,造成楼梯漏浆严重,影响楼梯表观质量,合模时注意上下口应一致,避免出现成品左右厚度不一。楼梯模具下部缝隙较大的,应填满塞实后进行密封。

5.5.4　成果检验

根据混凝土工程质量验收记录(表5-18)的主控项目与一般项目,完成实测记录值的填写。

表 5-18　混凝土工程质量验收记录

检 查 项 目			允许偏差/mm	实测记录值
主控项目	预制构件的外观质量、尺寸偏差及结构性能应符合标准图或设计要求		—	
	预制构件与结构之间的连接应符合设计要求		—	
一般项目	长度	梁	+10,−5	
		薄腹梁	+15,−10	
	宽度、高(厚)度	梁、薄腹梁	±5	
	侧向弯曲	梁	$L/750$ 且 ≤20	
	预埋件	中心线位置	10	
		螺栓位置	5	
		螺栓外露长度	±10,−5	
	预留孔(洞)中心线位置		5	
	主筋保护层	梁	+10,−5	
	表面平整	梁	5	

任务小结

任务 5.6　预制混凝土楼梯构件蒸养

【知识目标】

1. 构件蒸养与脱模工艺流程。

2. 掌握构件养护施工要点。

3. 掌握拆模、起吊要点。

【能力目标】

1. 按照施工工艺要求完成混凝土养护工作。

2. 能够运用所学知识检查混凝土构件的质量。

【价值目标】

1. 培养吃苦耐劳的意识。

2. 培养质量至上的意识。

5.6.1　工作准备

1. 注意事项

（1）混凝土养护可采用塑料薄膜覆盖结合浇水的自然养护、化学保护膜养护和蒸汽养护方法。

（2）预制构件采用加热养护时,应制定相应的养护制度,升温及降温速率应根据温度曲线控制。

2. 机具材料准备

检查用于预制楼梯构件蒸养用的机具型号名称与数量、材料的名称与数量等,均应符合生产和相关标准的要求,并填写机具、材料选用准备情况表(表 5-19)。

表 5-19　机具、材料选用准备情况表

序号	机具名称	数量	序号	材料名称	数量
1			1		
2			2		
3			3		
4			4		
5			5		
6			6		
7			7		
8			8		
9			9		

5.6.2　任务方案

1. 熟悉任务

预制构件的混凝土养护是保证预制构件质量的重要环节,应根据预制构件的各项参数要求及生产条件采用自然养护和养护窑蒸汽养护。

2. 任务分组

预制混凝土楼梯构件蒸养工作中,依据岗位角色与任务分工完成学生任务分配表(表 5-20),并填写安全与施工技术交底内容。

表 5-20　学生任务分配表

组号		组长		指导教师	
组员	姓名		岗位角色与任务分工		
安全与施工技术交底内容					

5.6.3　任务实施

1. 养护方式及养护时间

楼梯养护可采用蒸汽养护、覆膜保湿养护、自然养护等方法。采用硅酸盐水泥、普通硅酸盐水泥或矿渣硅酸盐水泥拌制的混凝土,不得少于 7d;掺用缓凝型外加剂或有抗渗要求的混凝土,不得少于 14d。冬季采取加盖养护罩蒸汽养护的方式,养护罩内外温差小于 200℃时,方可拆除养护罩进行自然养护,自然养护要保持楼梯表面湿润。楼梯表面覆盖毛毡保湿养护示意图如图 5-6 所示,其他要求参考墙板和楼板的相关规定。

图 5-6　楼梯表面覆盖毛毡保湿养护示意图

2. 楼梯蒸养方案

1）升温阶段

楼梯浇筑混凝土时，在混凝土初凝后（一般 10h），开始通入少量蒸汽，一是保温防冻；二是让楼梯模具里的温度慢慢升高，控制最高升温每小时不要超过 10℃，持续时间一般为 8h，温度最高升到 45℃。

2）恒温阶段

模内温度到 45℃后进入高温蒸养阶段，在升温过程末期要进行一次洒温水养护，高温蒸养阶段必须保证混凝土表面湿润，持续时间为 10h，在高温蒸养末期再洒一次水，然后进入降温阶段。

3）降温阶段

降温阶段自然降温即可，控制降温每小时不要超过 10℃，持续时间一般为 12h，此过程也要保证混凝土表面湿润，注意多次洒温水养护，降温完成后（模内温度与外界温差不大于 15℃）测试强度，达到拆模强度（设计强度的 75%）后即可组织拆模。

一跑楼梯蒸养完成，然后进入下一循环。

3. 预制楼梯脱模要求

（1）预制楼梯脱模应严格按照顺序拆除模具，不得使用振动方式拆模。

（2）将固定埋件及控制尺寸的螺杆、螺栓全部去除方可进行拆模、起吊，构件起吊应平稳。

（3）预制楼梯脱模起吊时，混凝土抗压强度应达到混凝土设计强度的 75% 以上。

（4）预制楼梯外观质量不宜有一般缺陷，不应有严重缺陷。对于已经出现的一般缺陷，应进行修补处理，并重新检查验收；对于已经出现的严重缺陷，修补方案应经设计、监理单位认可之后进行修补处理，并重新检查验收。吊装过程中应注意成品保护，轻吊轻放。

5.6.4　成果检验

（1）预制混凝土楼梯混凝土强度应符合现行国家标准《混凝土结构工程施工质量验收规范》(GB 50204—2015)的相关规定。

（2）预制混凝土楼梯的外观质量不应有严重缺陷,且不应有影响结构性能和安装、使用功能的尺寸偏差(图 5-7)。

图 5-7　楼梯外观质量检查示意图

（3）预制混凝土楼梯外观质量不应有一般缺陷。

（4）预制混凝土楼梯成品尺寸允许偏差及检验方法应符合表 5-21 的规定。

表 5-21　预制混凝土楼梯尺寸允许偏差及检验方法

项次	项　目		允许偏差/mm	检 验 方 法
1	长度		±5	钢尺检查
2	宽度		±5	钢尺测量一端及中部,取其中偏差绝对值较大处
3	厚度		±3	
4	对角线		5	钢尺检查
5	侧向弯曲		$L/750$ 且≤20	拉线,直尺测量最大侧向弯曲处
6	外表面平整度		5	2m 靠尺和塞尺量测
7	预留孔	中心线位置	5	钢尺检查
		孔尺寸	±5	
8	预埋件	中心线位置	5	
		与混凝土表面高差	0,−5	

注:L 为预制混凝土楼梯的长度,单位为 mm。

（5）预制混凝土楼梯上的预埋件、预留出筋等材料的质量、规格和数量应符合设计要求。

（6）预制混凝土楼梯的结合面应符合设计要求。

（7）检查构件外观质量缺陷，填写构件外观质量缺陷检查表（表5-22）。

表 5-22　构件外观质量缺陷检查

名称	现象	严重缺陷记录	一般缺陷记录
露筋	构件内钢筋未被混凝土包裹而外露		
蜂窝	混凝土表面缺少水泥砂浆而形成石子外露		
孔洞	混凝土中孔穴深度和长度均超过保护层厚度		
夹渣	混凝土中夹有杂物且深度超过保护层厚度		
疏松	混凝土中局部不密实		
裂缝	缝隙从混凝土表面延伸至混凝土内部		
连接部位缺陷	构件连接处混凝土缺陷及连接钢筋、连接件松动，插筋严重锈蚀、弯曲，灌浆套筒堵塞、偏位，灌浆孔洞堵塞、偏位、破损等缺陷		
外形缺陷	缺棱掉角、棱角不直、翘曲不平、飞出凸肋等装饰面砖粘结不牢、表面不平、砖缝不顺直等		
外表缺陷	构件表面麻面、掉皮、起砂、沾污等		

任务小结

项目拓展练习

1. 知识链接

微课:预制混凝土　　　微课:构件生产准备　　微课:构件生产安全管理
楼梯和阳台板

2. 方案编制

结合本项目所学,编制一份预制混凝土楼梯生产制作方案。

3. 项目练习题

（1）预制混凝土楼梯模具组装工艺流程有哪些？

\
\
\
\
\
\
\

（2）预制混凝土楼梯钢筋绑扎工艺流程是什么？

\
\
\
\
\
\
\
\

（3）预制混凝土楼梯脱模时有哪些要求？

\
\
\
\
\
\
\

项目 6 预制混凝土构件生产质量检验

知识目标

1. 了解混凝土质量的检验标准。
2. 熟悉模具、钢筋质量检验要求。
3. 掌握套筒灌浆检验要求。
4. 掌握装配式混凝土结构检验要求。

能力目标

1. 能够依据模具质量标准检验模具质量。
2. 能够进行套筒灌浆施工质量检验。
3. 能够对装配式混凝土结构进行质量检验。

价值目标

1. 具备良好的职业素养与严谨的专业精神。
2. 具备精益求精的专业精神。

引用规范

1. 《混凝土结构设计规范》(GB 50010—2010)(2015 年版)。
2. 《装配式混凝土结构技术规程》(JGJ 1—2014)。
3. 《装配式混凝土构件制作与验收标准》(DB13(J)/T 181—2015)。
4. 《混凝土强度检验评定标准》(GB/T 50107—2010)。
5. 《混凝土质量控制标准》(GB 50164—2011)。

项目情境

某工程采用预制装配式结构进行施工,地下室和主体楼 1～2 层采用现浇结构进行施工,3～18 层采用预制剪力墙结构进行施工。其每层预制外剪力墙 20 块、预制内剪力墙 18 块、PCF 转角板 6 块、叠合板 22 块、空调板 10 块以及预制楼梯 2 个,最重预制墙板为轴线 2、3、4、6、7 交轴线 A、B 上的内墙板,质量为 7.8t,规格尺寸 5350mm×2820mm×200mm,连接部位及叠合板上部为现浇,请对这些构件的模具、隐蔽质量、成品质量与防护进行检验。

任务 6.1 模具质量检验

【知识目标】

1. 熟悉模具检验的验收规范及验收工具使用。

2. 掌握预制构件钢模质量验收标准。

3. 掌握板类、墙板类、梁柱类构件模具质量验收标准。

【能力目标】

1. 能够正确使用模具质量验收工具。

2. 能够运用所学知识完成模具质量检验。

【价值目标】

1. 培养质量至上的意识。

2. 培养规范施工意识。

6.1.1 工作准备

模具检验的依据主要是图纸和标准规范,标准规范包括《混凝土结构工程施工质量验收规范》(GB 50204—2015)、《预制混凝土构件质量检验标准》(DB11/T 968—2021)等。

模具的验收工具一般包括盒尺、方角尺、2m 检测尺、塞尺、小线、垫块等。根据图纸要求对模具的长度、宽度、厚度及对角线进行测量检查,使用盒尺测量出模具的各个数值,并根据图纸的设计尺寸,计算出模具的偏差值,模具偏差值应符合标准规范要求。

检查用于模具质量检验的机具型号名称与数量、材料的名称与数量等,均应符合生产和相关标准的要求,并填写机具、材料选用准备情况表(表 6-1)。

表 6-1 机具、材料选用准备情况表

序号	机具名称	数量	序号	材料名称	数量
1			1		
2			2		
3			3		
4			4		
5			5		
6			6		
7			7		
8			8		

6.1.2　任务方案

1. 熟悉任务

小组合作完成模具质量检验,并记录模具组装实测尺寸值。

2. 任务分组

模具质量检验工作中,依据岗位角色与任务分工完成学生任务分配表(表 6-2),并填写安全与施工技术交底内容。

表 6-2　学生任务分配表

组号		组长		指导教师	
	姓名		岗位角色与任务分工		
组员					
安全与施工技术交底内容					

6.1.3　任务实施

1. 模具组装前的检查

根据生产计划合理加工和选取模具,所有模具必须清理干净,不得存有铁锈、油污及混凝土残渣。变形量超过规定要求的模具一律不得使用,使用中的模板应当定期检查,并做好检查记录。

2. 刷隔离剂

隔离剂使用前确保隔离剂在有效使用期内,隔离剂必须涂刷均匀。

3. 模具组装、检查

组装模具前,应在模具拼接处粘贴双面胶,或者在组装后打密封胶,防止在混凝土浇筑振捣过程中漏浆。侧模与底模、顶模与侧模组装后必须在同一平面内,不得出现错台。

　　组装后校对模具内的几何尺寸,并拉对角校核,然后使用磁力盒或螺丝进行紧固。使用磁力盒固定模具时,一定要将磁力盒底部杂物清除干净,且必须将螺丝有效地压到模具上。

6.1.4　成果检验

　　根据模具组装允许偏差及检验方法,按照检验方法实测记录模具组装尺寸的偏差值,填写表 6-3。

表 6-3　模具组装允许偏差及检验方法

测定部位	允许偏差/mm	检 验 方 法	实测记录值
边长	±2	钢尺四边测量	
对角线误差	3	细线测量两根对角线尺寸,取差值	
底模平整度	2	对角用细线固定,钢尺测量细线到底模各点距离的差值,取最大值	
侧模高差	2	钢尺两边测量,取平均值	
表面凹凸	2	靠尺和塞尺检查	
扭曲	2	对角线用细线固定,钢尺测量中心点高度差值	
翘曲	2	四角固定细线,钢尺测量细线到钢模板边距离,取最大值	
弯曲	2	四角固定细线,钢尺测量细线到钢模顶距离,取最大值	
侧向扭曲	$H \leqslant 300, 1.0$	侧模两对角用细线固定,钢尺测量中心点高度	
	$H > 300, 2.0$	侧模两对角用细线固定,钢尺测量中心点高度	

任务小结

任务 6.2　钢筋及钢筋接头质量检验

【知识目标】

1. 熟悉钢筋加工前及加工成型后的检查事项。
2. 掌握钢筋丝头加工质量检验内容。
3. 掌握钢筋绑扎质量检验内容。
4. 掌握钢筋焊接质量检验内容。

【能力目标】

1. 能够正确使用钢筋质量验收工具。
2. 能够运用所学知识完成钢筋质量检验。

【价值目标】

1. 培养吃苦能干的优良品质。
2. 培养执行标准的规范意识。

6.2.1　工作准备

钢筋应按国家现行相关标准的规定抽取试件作屈服强度、抗拉强度、伸长率、弯曲性能和重量偏差检验,检验结果应符合相应标准的规定。检查数量:按进场批次和产品的抽样检验方案确定。检验方法:检查质量证明文件和抽样检验报告。

成型钢筋进场时,应抽取试件作屈服强度、抗拉强度、伸长率和重量偏差检验,检验结果应符合国家现行有关标准的规定。由热轧钢筋制成的成型钢筋,当有施工单位或监理单位的代表驻厂监督生产过程,并提供原材钢筋力学性能第三方检验报告时,可仅进行重量偏差检验。检查数量:同一厂家、同一类型、同一钢筋来源的成型钢筋,不超过 30t 为一批,每批中每种钢筋牌号、规格均应至少抽取 1 个钢筋试件,总数不应少于 3 个。检验方法:检查质量证明文件和抽样检验报告。

钢筋应平直、无损伤,表面不得有裂纹、油污、颗粒状或片状老锈。检查数量:全数检查。检验方法:观察。成型钢筋的外观质量和尺寸偏差应符合国家现行有关标准的规定。检查数量:同一厂家、同一类型的成型钢筋,不超过 30t 为一批,每批随机抽取 3 个成型钢筋。检验方法:观察、尺量。

检查用于钢筋及钢筋接头质量检验的机具型号名称与数量、材料的名称与数量等,均应符合生产和相关标准的要求,并填写机具、材料选用准备情况表(表 6-4)。

6.2.2　任务方案

1. 熟悉任务

小组合作完成钢筋质量检验,并记录钢筋加工实测尺寸值。

2. 任务分组

钢筋及钢筋接头质量检验工作中,根据岗位角色与任务分工完成学生任务分配表

（表 6-5），并填写安全与施工技术交底内容。

表 6-4　机具、材料选用准备情况表

序号	机具名称	数量	序号	材料名称	数量
1			1		
2			2		
3			3		
4			4		
5			5		
6			6		

表 6-5　学生任务分配表

组号		组长		指导教师	
组员	姓名		岗位角色与任务分工		
安全与施工技术交底内容					

6.2.3　任务实施

1. 钢筋加工前应检查内容

（1）钢筋应无有害的表面缺陷，按盘卷交货的钢筋应将头尾有缺陷部分切除。

（2）直条钢筋的弯曲度不得影响正常使用，每米弯曲度不应大于 4mm，总弯曲度不大于钢筋总长度的 0.4%。钢筋的端部应平齐,不影响连接器的通过。

(3) 钢筋表面应无横向裂纹、结疤和折痕,允许有不影响钢筋力学性能的其他缺陷。

(4) 弯心直径弯曲 180°后,钢筋受弯曲部位表面不得产生裂纹。

2. 钢筋加工成型后检查内容

(1) 钢筋下料必须严格按照设计及下料单要求制作,制作过程中应当定期、定量检查。不符合设计要求及超过允许偏差的一律不得绑扎,按废料处理。

(2) 纵向钢筋(带灌浆套筒)及需要套丝的钢筋,不得使用切断机下料,必须保证钢筋两端平整,套丝长度、丝距及角度必须严格满足设计图纸要求,纵向钢筋及梁底部纵筋(直螺纹套筒连接)套丝应符合规范要求。

套丝机应当指定有经验的工人操作,质检人员不定期进行抽检。

3. 钢筋丝头加工质量检查内容

钢筋丝头加工质量检查包括以下内容。

(1) 钢筋端平头:平头的目的是让钢筋端面与母材轴线方向垂直,采用砂轮切割机或其他专用切断设备,严禁气焊切割。

(2) 钢筋螺纹加工:使用钢筋滚压直螺纹机将待连接钢筋的端头加工成螺纹。

加工丝头时,应采用水溶性切削液,当气温低于 0℃时,应掺入 15%～20%亚硝酸钠。严禁用机油作切削液或不加切削液加工丝头。

(3) 丝头加工长度为标准型套筒长度的 1/2,其公差为＋2P(P 为螺距)。

(4) 丝头质量检验:操作工人应按要求检查丝头的加工质量,每加工 10 个丝头用通环规、止环规检查一次。

(5) 自检合格的丝头,应通知质检员随机抽样进行检验,以一个工作班内生产的丝头为一个验收批,随机抽检 10%,且不得少于 10 个,并填写钢筋丝头检验记录表。

(6) 当合格率小于 95%时,应加倍抽检,复检总合格率仍小于 95%时,应对全部钢筋丝头逐个检验,切去不合格丝头,查明原因并解决后重新加工螺纹。

4. 钢筋绑扎质量检查内容

(1) 尺寸、弯折角度不符合设计要求的钢筋不得绑扎。

(2) 钢筋安装绑扎的允许偏差及检验方法见表 6-6。

5. 焊接接头机械性能试验取样

1) 取样相关规定

(1) 试件的截取方位应符合相关规范或标准的规定。

(2) 试件材料、焊接材料、焊接条件以及焊前预热和焊后热处理规范,均应与相关标准规范相符,或者符合有关试验条件的规定。

(3) 试件尺寸应根据样坯尺寸、数量、切口宽度、加工余量以及不能利用的区段(如电弧焊的引弧和收弧)予以综合考虑。不能利用区段的长度与试件的厚度和焊接工艺有关,但不得小于 25mm(用引弧板、收弧板及管件焊接例外)。

(4) 从试件上截取样坯时,如相关标准或产品制造规范无另外注明时,允许矫直样坯。

(5) 试件的角度偏差或错边,应符合相关标准或规范要求。

(6) 试件标记必须清晰,其标记部位应在受试部分之外。

表 6-6 钢筋安装位置的允许偏差及检验方法

项　目			允许偏差/mm	检验方法
绑扎钢筋网	长度、宽度		±10	钢尺检查
	网眼尺寸		±20	钢尺连续量三档,取最大值
绑扎钢筋骨架	长度		±10	钢尺检查
	宽度、高度		±5	钢尺检查
受力钢筋	间距		±10	钢尺量两端、中间各一点,取最大值
	排距		±5	钢尺检查
	保护层厚度（含箍筋）	基础	±10	钢尺检查
		柱、梁	±5	钢尺检查
		板、墙、壳	±3	
绑扎箍筋、横向钢筋间距			±20	钢尺连续量三档,取最大值
钢筋弯起点位置			±20	钢尺检查
预埋件	中心线位置		±5	钢尺检查
	水平高差		+3,0	钢尺和塞尺检查
纵向受力钢筋	锚固长度		—20	钢尺检查

注:检查预埋件中心线位置时,应沿纵、横两个方向进行测量,并取其中的最大值。表中梁类、板类构件上部纵向受力钢筋保护层厚度的合格点率应达到90%及以上,且不得有超过表中数值1.5倍的尺寸偏差。

2）钢筋焊接接头力学性能试验的取样

钢筋焊接骨架和焊接网力学性能检验,按下列规定抽取试件。

（1）凡钢筋牌号、直径及尺寸相同的焊接骨架和焊接网,应视为同一类型制品且每300件作为一批,一周内不足300件的也应按一批计算。

（2）力学性能检验的试件,应从每批成品中切取。切取过试件的制品,应补焊同牌号、同直径的钢筋,其每边搭接长度不应小于2个孔格的长度。

当焊接骨架所切取试件的尺寸小于规定的试件尺寸,或受力钢筋直径大于8mm时,可在生产过程中制作模拟焊接试验网片,从中切取试件。

（3）由几种直径钢筋组合的焊接骨架或焊接网,应对每种组合的焊点做力学性能检验。

（4）热轧钢筋的焊点应做剪切试验,试件应为3件。冷轧带肋钢筋焊点除做剪切试验外,尚应对纵向和横向冷轧带肋两筋做拉伸试验,试件应各为1件。剪切试件纵筋长度应大于或等于290mm,横筋长度应大于或等于50mm;拉伸试件纵筋长度应大于或等于300mm(图6-1)。

（5）焊接网剪切试件应沿同一横向钢筋随机切取。

（6）切取剪切试件时,应使制品中的纵向钢筋成为试件的受拉钢筋。

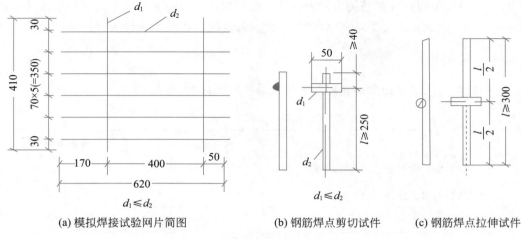

图 6-1　钢筋模拟焊接试验网片与试件

3) 钢筋闪光对焊接头

闪光对焊接头的力学性能检验,按下列规定作为一个检验批。

(1) 在同一台班内,由同一焊工完成的 300 个同牌号、同直径钢筋焊接接头应作为一批。当同一台班内焊接的接头数量较少,可在一周之内累计计算。累计仍不足 300 个接头时,应按一批计算。

(2) 力学性能检验时,应从每批接头中随机切取 6 个接头,其中 3 个做拉伸试验,3 个做弯曲试验。

(3) 焊接等长的预应力钢筋(含螺丝端杆与钢筋)时,可按生产时同等条件制作模拟试件。

(4) 螺丝端杆接头可只做拉伸试验。

(5) 封闭环式箍筋闪光对焊接头,以 600 个同牌号、同规格的接头为一批,只做拉伸试验。

(6) 当模拟试件试验结果不符合要求时,应进行复验。复验应从现场焊接接头中切取,其数量和要求与初始试验相同。

4) 钢筋电弧焊接头

电弧焊接头力学性能检验,按下列规定作为一个检验批。

(1) 在现浇混凝土结构中,应以 300 个同牌号钢筋、同形式接头作为一批。在房屋结构中,应在不超过连续二楼层中 300 个同牌号钢筋、同形式接头作为一批,每批随机切取 3 个接头,做拉伸试验。

(2) 在装配式结构中,可按生产条件制作模拟试件,每批 3 个,做拉伸试验。

(3) 钢筋与钢板电弧搭接焊接头可只进行外观检查。

在同一批中,若有几种不同直径的钢筋焊接接头,应在最大直径钢筋接头中切取 3 个试件。钢筋电渣压力焊接头、气压焊接头取样均可。

5) 钢筋电渣压力焊接头

电渣压力焊接头的力学性能检验应按下列规定作为一个检验批:在现浇钢筋混凝土结

构中,应以 300 个同牌号钢筋接头作为一批。在不超过二楼层中 300 个同牌号钢筋接头作为一批。当不足 300 个接头时,仍应作为一批。每批随机切取 3 个接头做拉伸试验。

6.2.4　成果检验

按照检验方法实测记录钢筋加工尺寸的偏差值,填写表 6-7。

表 6-7　钢筋加工尺寸的偏差值

项　目	允许偏差/mm	实测记录值
受力钢筋顺长度方向全长的净尺寸	±10	
弯起钢筋的弯折位置	±20	
箍筋内径净尺寸	±5	

任务小结

任务 6.3　套筒灌浆施工质量检验

【知识目标】

1. 熟悉套筒灌浆检验流程。

2. 掌握灌浆套筒检验方法。

【能力目标】

1. 能正确使用套筒灌浆施工质量验收工具。

2. 能运用所学知识完成套筒灌浆施工质量检验。

【价值目标】

1. 培养一丝不苟的工作精神。

2. 注重验收资料填写的规范性。

6.3.1　工作准备

（1）灌浆施工前对操作人员进行培训，通过培训增强操作人员对灌浆质量重要性的意识，明确该操作行为的一次性且不可逆的特点，从思想上重视其所从事的灌浆操作。另外，通过工作人员灌浆作业的模拟操作培训，规范灌浆作业操作流程，熟练掌握灌浆操作要领及其控制要点。灌浆料的制备要严格按照其配比说明书进行操作，建议用机械搅拌。

（2）拌制时，记录拌合水的温度，先加入 70％的水，然后逐渐加入灌浆料，搅拌 3～4min 至浆料黏稠无颗粒、无干灰，再加入剩余 20％的水，整个搅拌过程不能少于 5min，完成后静置 2min。搅拌地点应尽量靠近灌浆施工地点，距离不宜过长；每次搅拌量应视使用量多少而定，以保证 30min 以内将料用完。

6.3.2　任务方案

1. 熟悉任务

小组合作完成套筒灌浆施工质量检验，并记录灌浆连接施工全过程检查项目数据。

2. 任务分组

套筒灌浆施工质量检验工作中，根据岗位角色与任务分工完成学生任务分配表（表 6-8），并填写安全与施工技术交底内容。

6.3.3　任务实施

1）抗压强度试验

施工现场灌浆施工中，需要检验灌浆料的 28d 抗压强度是否符合设计要求及《钢筋连接用套筒灌浆料》（JG/T 408—2019）有关规定。用于检验抗压强度的灌浆料试件应在施工现场制作、实验室条件下标准养护。

（1）检查数量：每工作班取样不得少于 1 次，每楼层取样不得少于 3 次。每次抽取 1 组试件，每组 3 个试块，试块规格为 40mm×40mm×160mm，标准养护 28d 后进行抗压强度试验。

表 6-8　学生任务分配表

组号		组长		指导教师	
组员	姓名		岗位角色与任务分工		
安全与施工技术交底内容					

（2）检验方法：检查灌浆施工记录及试件强度试验报告。

2）灌浆料充盈度检验

灌浆料凝固后，对灌浆接头 100％进行外观检查。检查项目包括灌浆、排浆孔口内灌浆料充满状态。取下灌、排浆孔封堵胶塞，检查孔内凝固的灌浆料上表面，其应高于排浆孔下缘 5mm 以上。

3）灌浆接头抗拉强度检验

如果在构件厂检验灌浆套筒抗拉强度，采用的灌浆料与现场所用一样，试件制作也是模拟施工条件，那么，该项试验就不需要再做；否则就要重做，做法如下。

（1）检查数量：同批号、同类型、同一规格的灌浆套筒、检验批量不应大于 1000 个，每批随机抽取 3 个灌浆套筒制作对中接头。

（2）检验方法：有资质的实验室进行拉伸试验。

（3）检验结果：结果应符合《钢筋连接技术规程》（JGJ 107—2019）中对接头抗拉强度的要求。

4）施工过程检验

采用套筒灌浆连接时，应检查套筒中连接销筋的位置和长度是否满足设计要求，套筒和灌浆材料应采用经同一厂家认证的配套产品，套筒灌浆施工尚应符合以下规定。

（1）灌浆前应制定套筒灌浆操作的专项质量保证措施，被连接钢筋偏离套筒中心线的偏移不超过 5mm，灌浆操作全过程应有专门人员在一旁站着监督施工。

（2）应由经培训合格的专业人员按配置要求计量灌浆材料和水的用量,经搅拌均匀后,测定其流动度,满足设计要求后方可灌注。

（3）浆料应在制备后半小时内用完,灌浆作业应采取压浆法从下口灌注,当浆料从上口流出时应及时封堵,持压30s后再封堵下口。

（4）冬季施工时环境温度应在5℃以上,并应对连接处采取加热保温措施。保证浆料在48h凝结硬化过程中连接部位温度不低于10℃。

6.3.4　成果检验

按照检验方法实测记录灌浆连接施工全过程,填写表6-9。

表 6-9　灌浆连接施工全过程检查项目

检测项目	要　　求	实测记录值
灌浆料	确保灌浆料在有效期内,且无受潮结块现象	
钢筋长度	确保钢筋伸出长度满足相关表中规定的最小锚固长度	
套筒内部	确保套筒内部无松散杂质和水	
灌排浆嘴	确保灌浆通道顺畅	
拌合水	确保拌合水干净,符合用水标准,且满足灌浆料的用水量要求	
搅拌时间	不小于5min	
搅拌温度	确保在灌浆料的5～40℃使用温度范围内	
灌浆时间	不超过30min	
流动度	确保灌浆料流动扩展直径在300～380mm范围内	
灌浆情况	确保所有套筒均充满灌浆料,从灌浆孔灌入、排浆孔流出	
灌浆后	确保所有灌浆套筒及灌浆区域填满灌浆料,并填写灌浆记录表	

任务小结

任务 6.4　装配式混凝土结构检验

【知识目标】

1. 熟悉装配式混凝土结构检验流程。

2. 掌握装配式混凝土结构检验方法。

【能力目标】

1. 能正确使用装配式混凝土结构质量检验工具。

2. 能运用所学知识完成装配式混凝土结构的验收。

【价值目标】

1. 培养一丝不苟的工作精神。

2. 培养质量至上的意识。

6.4.1　工作准备

根据国家标准《建筑工程施工质量验收统一标准》(GB 50300—2013)的规定,在混凝土结构子分部工程验收前应进行结构实体检验。结构实体检验的范围仅限于涉及结构安全的重要部位,结构实体检验采用由各方参与的见证抽样形式,以保证检验结果的公正性。

对结构实体进行检验,并不是在子分部工程验收前的重新检验,而是在相应分项工程验收合格的基础上进行。对重要项目进行的验证性检验,其目的是强化混凝土结构的施工质量验收,真实地反映结构混凝土强度、受力钢筋位置、结构位置与尺寸等质量指标,确保结构安全。

6.4.2　任务方案

1. 熟悉任务

小组合作完成装配式混凝土结构检验,并记录构件安装尺寸。

2. 任务分组

装配式混凝土结构检验工作中,根据岗位角色与任务分工完成学生任务分配表(表6-10),并填写安全与施工技术交底内容。

6.4.3　任务实施

1. 一般规定

(1)装配式混凝土结构分部工程验收时应提交下列资料和记录。

① 工程设计文件、预制构件制作和安装的深化设计图、设计变更文件。

② 装配式混凝土结构工程专项施工方案。

③ 预制构件出厂合格证、相关性能检验报告及进场验收记录。

④ 主要材料及配件质量证明文件、进场验收记录、抽样复验报告。

⑤ 预制构件安装施工验收记录。

表 6-10　学生任务分配表

组号		组长		指导教师	
组员	姓名		岗位角色与任务分工		
安全与施工技术交底内容					

⑥ 钢筋套筒灌浆或钢筋浆锚搭接连接的施工检验记录,对于套筒灌浆接头应提供密实度检测报告及现场套筒灌浆全过程的影像资料。

⑦ 隐蔽工程检查验收文件。

⑧ 后浇混凝土、灌浆料、坐浆材料强度等检测报告。

⑨ 外墙淋水试验、喷水试验记录及卫生间等有防水要求的房间蓄水试验记录。

⑩ 分项工程质量验收记录。

(2) 装配整体式混凝土结构子分部工程施工质量验收合格应符合下列规定。

① 有关分项工程施工质量验收合格。

② 质量控制资料完整。

③ 观感质量验收合格。

④ 涉及结构安全的材料、试件、施工工艺和结构的重要部位的见证检测或实体检验满足国家和地方现行有关标准的要求。

(3) 装配式混凝土结构子分部工程施工质量验收的内容、程序、组织、记录应符合国家现行标准《建筑工程施工质量验收统一标准》(GB 50300—2013)和《混凝土结构工程施工质量验收规范》(GB 50204—2015)的规定。

(4) 根据建筑物的层数,将主体结构分部工程拆分为 2～3 个施工段,每个施工段由 8～10 层组成。主体结构由构件(外墙板、叠合梁、内墙板、叠合楼板、其他构件)安装分项工程、钢筋分项工程、混凝土分项工程、模板分项工程组成。

（5）施工段内各分项工程验收合格后，方可进行该施工段内的建筑装饰装修工程、给水、排水、电气及采暖工程等施工。

（6）构件安装尺寸允许偏差应符合规范要求。

（7）对外墙接缝应进行防水性能抽查并做淋水试验。渗漏部位应进行修补。每栋房屋淋水试验的数量，每道墙面不少于 10％～20％ 的缝，且不少于一条缝。试验时，在屋檐下竖缝 1.0m 宽范围内淋水 40min，应形成水幕。

（8）检验批合格质量应符合下列规定。

① 主控项目的质量经抽样检验合格。

② 一般项目的质量经验收合格，且没有出现影响结构安全、安装施工和使用要求的缺陷。

③ 一般项目中允许偏差项目合格率≥80％，允许偏差不得超过最大值的 1.5 倍，且没有出现影响结构安全、安装施工和使用要求的缺陷。

2. 主控项目

（1）分项工程验收应提交下列资料。

① 施工图和预制构件深化设计图、设计变更文件。

② 工程施工所用各种材料、连接件及预制混凝土构件的产品合格证书、性能测试报告、进场验收记录和复检报告。

③ 分项工程验收记录。

（2）预制构件和结构之间的连接、叠合、复合、密封应符合设计要求。子分部工程验收时，尚应提交下列文件。

① 钢筋连接、机械连接的节点构造隐蔽工程检验记录。

② 构件叠合和构件连接部位的后浇混凝土或砂浆强度检测报告。

③ 外墙防水工程进场材料的复验报告、淋水检测报告。

3. 一般项目

钢筋分项工程、模板分项工程、混凝土分项工程的允许偏差应符合国家现行标准《混凝土结构工程施工质量验收规范》（GB 50204—2015）的相关要求。

4. 分部工程质量验收

（1）分部工程施工质量验收应符合下列规定。

① 检验批质量验收合格、符合国家现行标准《混凝土结构工程施工质量验收规范》（GB 50204—2015）附录 A 中表 A.0.1 的规定。

② 分项工程施工质量验收合格、符合国家现行标准《混凝土结构工程施工质量验收规范》（GB 50204—2015）附录 A 中表 A.0.2 的规定。

③ 子分部工程施工质量验收合格、符合国家现行标准《混凝土结构工程施工质量验收规范》（GB 50204—2015）附录 A 中表 A.0.3 的规定，还应做到质量控制资料完整。

（2）分项工程施工质量不符合要求时，应按下列规定进行处理。

① 经返工、返修或更换构件、部件的检验批，应重新进行检验。

② 经有资质的检测单位检测鉴定达到设计要求的检验批，应予以验收。

③ 经有资质的检测单位检测鉴定达不到设计要求，但经原设计核算并确认仍可满足

结构安全和使用功能的检验批,可予以验收。

④ 经返修或加固处理能够满足结构安全使用要求的分项工程。可根据技术处理方案和协商文件进行验收。

(3)分部工程施工质量验收合格后,应将所有的验收文件存档备案。

6.4.4　成果检验

按照检验方法实测记录构件安装尺寸,填写表 6-11。

表 6-11　构件安装尺寸记录表

检查项目		允许偏差/mm	实测记录值
柱、墙等竖向结构构件	标高	±10	
	中心线位置	5	
	垂直度	5	
梁、楼板等水平结构构件	中心线位置	5	
	标高	±10	
外墙板面	板缝宽度	±5	
	通长缝直线度	5	
	接缝高低差	5	

任务小结

项目拓展练习

1. 知识链接

微课:预制构件生产阶段
质量管理与验收

微课:生产成品质量检验

微课:预制构件存放及
防护检验

微课:预制构件质量产生原因

微课:预制构件修补措施

微课:起重作业安全操作规程

2. 方案编制

结合本项目所学,编制一份预制混凝土构件质量问题检测方案。

3. 项目练习题

（1）混凝土坍落度的测试方法是什么？

（2）在混凝土浇筑前进行预制构件的隐蔽工程检查时，需检查哪些项目？

（3）预制混凝土构件蒸汽养护过程中应符合哪些规定？

（4）PC 构件缺陷修补时需注意哪些事项？

（5）当预制构件采用平放方式堆放时，需注意哪些？

参 考 文 献

[1] 刘美霞.装配式建筑预制混凝土构件生产与管理[M]. 北京:北京理工大学出版社,2020.

[2] 张金树.装配式建筑混凝土预制构件生产与管理[M]. 北京:中国建筑工业出版社,2017.

[3] 肖明和.装配式建筑混凝土构件生产[M]. 北京:中国建筑工业出版社,2018.

[4] 纪明香.装配式混凝土预制构件制作与运输[M]. 天津:天津大学出版社,2020.

[5] 吴耀清.装配式混凝土预制构件制作与运输[M]. 郑州:黄河水利出版社,2017.